◎ 国家自然科学基金（52368002）
◎ 国家自然科学基金（52368004）
◎ 贵州省科技支撑计划（黔科合支撑 [2023] 一般114）

西南山地村落火灾释因与防治

高明明 著

中国矿业大学出版社
China University of Mining and Technology Press
·徐州·

图书在版编目（**CIP**）数据

西南山地村落火灾释因与防治 / 高明明著 . — 徐州：中国矿业大学出版社，2024.3

ISBN 978-7-5646-6204-2

Ⅰ . ①西… Ⅱ . ①高… Ⅲ . ①山地－村落－火灾－研究 Ⅳ . ① X928.7

中国国家版本馆 CIP 数据核字 (2024) 第 066070 号

书　　名　西南山地村落火灾释因与防治
　　　　　Xinan Shandi Cunluo Huozai Shiyin yu Fangzhi
著　　者　高明明
责任编辑　章　毅　褚建萍
责任校对　王慧颖
出版发行　中国矿业大学出版社有限责任公司
　　　　　（江苏省徐州市解放南路　邮编 221008）
营销热线（0516）83885370　83884103
出版服务（0516）83995789　83884920
网　　址　http://www.cumtp.com　**E-mail**：cumtpvip@cumtp.com
印　　刷　湖南省众鑫印务有限公司
开　　本　710 mm × 1000 mm　1/16　印张 10　字数 152 千字
版次印次　2024 年 3 月第 1 版　2024 年 3 月第 1 次印刷
定　　价　68.00 元

高明明　女，贵州大学建筑与城市规划学院讲师，浙江大学建筑学博士，长期从事乡村人居环境、防火规划与设计方面的研究，近五年来主持国家自然科学基金1项、省科技支撑计划项目1项、校级科研项目2项，参与国家重点研发计划专项子课题2项；发表 SCI/SSCI 论文2篇、中文核心期刊论文6篇；获得省级优秀建筑创作设计奖二等奖和三等奖各1项。

前　言

我国西南山地村落依山而建，风景秀丽，民族众多，聚族而居，形成了融于自然山体的人居环境景观，保留了传统的民俗文化，承载着独特的地方生活经验与社会历史记忆，因而诞生了大量的传统村落和著名的旅游地，是中华建筑宝库的瑰宝和少数民族文化的活化石。然而，近些年来，西南山地村落火灾频发，其中不乏烧村毁寨的大火，不仅给人民财产安全带来了巨大威胁，而且对当地文化景观造成了不可逆转的破坏，对我国乡土文化遗产造成了难以估量的损失。防治西南山地村落的火灾已迫在眉睫。

然而，西南山地村落的火灾防治有其特殊性，资源资金有限且存在风貌管控，导致其火灾防控既不能像城市一样依靠现代化消防技术设备和快速行动的消防队，也不能像一般村落那样大举拆建和“木房改砖房”，必须制定符合西南山地村落实际的适宜的火灾防治策略。

对此，本书致力于解决西南山地村落的火灾释因和防治策略两大问题。在火灾释因方面，对起火、蔓延、灭火的火灾全过程进行逐步解析，揭示火灾的灾变机理。在防治策略方面，综合空间、过程和村落类别维度，从空间和治理的角度提出适用于各类村落的火灾防治策略菜单。具体来说，第1章西南山地村落的火灾形势，总论火灾特点及火灾相关理论基础；第2章山地村落火灾要素分析，分析山地村落的火源、地貌和人居特征；第3章山地村落火灾的时空分异，通过对火灾数据的数理分析挖掘火灾频率和强度与山地村落要素的相关性；第4章山地村落火灾的灾变解析，综合分析起火阶段、室内火灾蔓延阶段、村落火灾蔓延阶段和灭火阶段的影响因素和作用机制；第5章山地村落火灾的灾变原理，总结归纳山地村落火灾的规律和提炼导控要素；第6章山地村落火灾的防治之策，从空间、过程和村落类别相交织的维度提出一套针对各类村落的差异化防治策略。本书提出的村落和组团层面的空间调试还处于探索阶段，个别方面有待进一步发展和完善，敬请各位读者和专家提出宝贵意见和建议。

感谢贵州大学王思成老师对本书写作的指点和建议，感谢黔东南州消防救援支队郑锦、刘安康、朱双竹同志对本课题调研的大力支持，特别感谢我的两位导师——浙江大学的王竹教授和裘知教授对本课题研究的指导与帮助。

本书得到国家自然科学基金（项目编号：52368002、52368004）和贵州省科技支撑计划（黔科合支撑 [2023] 一般114）的资助，在此表示衷心感谢。

高明明

2023年11月

目　录

目　录

第1章　西南山地村落的火灾形势

本书研究中涉及的我国西南地区，包括云南省、贵州省、四川省和重庆市，地形以山地居多，森林资源丰富，地势崎岖，气候湿润，炎热多雨，是我国众多少数民族的聚集地。西南山地村落一般依山而建，聚族而居，形成了融于自然山体的人居环境景观，不仅拥有秀丽的自然风光，还保留着灿烂的民族文化和独特的地方风俗，也是我国传统村落最密集的区域，传统村落数量占全国总量的25.7%，具有极高的观光价值和文化价值，是我国民族文化和历史建筑的重要宝库。

近年来，西南山地村落面临着频繁的火灾侵袭，发生了多起“火烧连营”事故。2014年发生在云南省香格里拉县（现香格里拉市）独克宗古城的“1·11”火灾，导致343栋木构建筑被焚毁，独克宗古城的历史风貌遭到严重破坏，经济损失达1亿多元人民币；2014年贵州省黔东南苗族侗族自治州（以下简称黔东南）的报京侗寨发生火灾，致使296户、1 184名民众受灾，148栋房屋受损，直接经济损失达970万元人民币；2016年贵州省黔东南的岑松镇温泉村火灾造成60栋房屋被毁、120人受灾；2021年素有“最后一个原始村落”之称的云南省翁丁村老寨发生火灾，烧毁房屋101栋，仅余4栋幸免，建寨400余年的翁丁村老寨毁于一旦。

火灾对当地人民的人身和财产安全构成了严重的威胁，对当地的传统村落和文物古建筑造成了严重的损坏，对我国乡土文化遗产造成了难以估量的损失。西南山地村落的火灾不仅是安全问题，更是社会问题和文化问题，防控火灾成为西南山地村落亟待解决的关键问题。

1.1　西南山地村落的火灾特点

西南山地村落往往由大量木构建筑连片聚集而成，村落在建造之初缺乏消防规划和必要的防火分隔，村落的发展和建设规模逐渐扩大，使得村落更加密集，具有极大的火灾隐患。随着乡村旅游的蓬勃发展，大量客流涌入，带来了诸多不稳定因素；村落用电负荷也随之增加，加重了村落的火灾隐患。与此同时，这些村落大都地处偏僻，交通不便，使得外部消防力量难以及时救援，一旦起火，火势将迅速蔓延，扑救火灾变得非常困难。

西南山地村落由于其特殊的山地地貌、村落的人居空间格局、建筑的结构材质，导致其火灾形势非常严峻，主要表现为以下特点：

1.1.1　火灾频率高

近年来，西南山地村落的火灾事故频发，据统计，2010—2019年贵州省共发生村落火灾7 600余起，死亡219人，直接经济损失2.8亿余元，受灾8 270户共2.2万余人。2000—2015年，贵州省黔东南村落共发生火灾3 590起，死亡192人，受伤105人，受灾户数为21 132户，受灾人数达102 862人，烧毁房屋建筑面积198.4万 m^2 [1]，可见火灾事故之频繁。

1.1.2　蔓延速度快

一方面，西南山地村落的建筑普遍为全木结构建造，外围护结构也为木材，内部可燃物多，火灾荷载非常大，并且无防火分隔，导致火势蔓延畅通无阻。另一方面，建筑构件通常尺寸较小，横截面积小，更易燃烧；室内的可燃性生活用品和杂物往往散落、摊开放置，与空气接触面积大，会加快燃烧速度。故房间一旦起火就会迅速蔓延至全屋，约5 min 后会蔓延至周边建筑。而村落中建筑排布密集，很少有防火分隔，火势进而在全村内蔓延，造成“火烧连营”。黔东南的温泉村、报京侗寨（图1-1）、久吉苗寨和云南省的翁丁村（图1-2）都发生过火灾，几乎将全村烧毁。以下列出一些典型的连营火灾事故，见表1-1。

图1-1　报京侗寨火灾现场

图1-2　翁丁村火灾现场

表1-1　典型的连营火灾事故

火灾地点	火灾时间	事故起因	损失情况
云南省临沧市翁丁村	2021 年	玩火	烧毁房屋 101 栋
贵州省黔东南仁吉村	2017 年	在自家墙角遗留烟头	烧毁房屋 24 栋，过火面积为 1 561 m^2，造成 3 人死亡，直接财产损失约 160 万元
贵州省黔东南剑河县温泉村	2016 年	室内电气线路故障	烧毁房屋 60 栋
贵州省黔东南高贡村	2014 年	—	烧毁房屋 28 栋
贵州省黔东南施秉县马号乡平扒村	2014 年	—	烧毁 45 栋房屋，434 人受灾
贵州省黔东南久吉苗寨	2014 年	—	烧毁房屋 60 余栋，176 户共 619 人受灾
贵州省黔东南岑杠村	2014 年	使用电热器取暖不慎	烧毁房屋 21 栋，受灾 26 户共 131 人，死亡 5 人
贵州省黔东南报京侗寨	2014 年	纵火	烧毁房屋 148 栋
云南省香格里拉县独克宗古城	2014 年	使用取暖器不当	烧毁房屋 343 栋
贵州省黔东南平岸村	2013 年	火塘余火复燃	烧毁房屋 39 栋，造成 39 户共 170 人受灾，1 人死亡
贵州省黔东南增冲侗寨	2012 年	睡着后烟头点燃墙上装饰油纸	烧毁房屋 13 栋
贵州省都匀市绕河村	2010 年	玩火	烧毁 40 多栋房屋，1 人死亡，2 人受伤

表1-1（续）

火灾地点	火灾时间	事故起因	损失情况
贵州省黔东南地扪侗寨	2006年	用火盆烤火不慎引燃衣被	烧毁房屋39栋，1人死亡
贵州省黔东南巨洞村	2005年	酒后吸烟	烧毁房屋79栋，3人死亡

1.1.3　扑救难度大

由于火灾的蔓延速度快，一栋住宅往往十几分钟就会烧完；山地村落通常地处偏远的深山坡地，即使贵州省已经修成了“村村通”公路，最近的乡镇消防队赶来驰援也至少需要半个小时，更高等级的消防队则需要更久，所以专业消防队对于村落火灾根本来不及扑救，他们能做的往往只是扑灭余火和善后工作。而且即便赶到村落，由于村落缺少消防通道，消防车也无法深入火灾现场，只能远距离作业，灭火效果大打折扣。

依靠村民自救也存在着消防设施不足或出故障、消防水源短缺等问题，导致火灾时无法保证充足且持续的水源供应，火势得不到有效压制，自然会继续大肆蔓延。西南山地村落发生过多起这样的事故，例如翁丁村老寨大火中，村民曾企图用消火栓灭火，但消火栓根本不出水；独克宗古城火灾中，消防水管被冻住而无法出水，消防水带和水枪管径不匹配无法使用，消防机动泵由于闲置太久无法启动，等等，导致村民无法通过自救方式来及时灭火。

在火灾扑救中，往往缺乏专业的权威人士进行有效的火灾组织，个别村民只顾转移自家财物和阻挠专业人士破拆房屋开辟防火隔离带的行为贻误了救火时机。

此外，随着外出打工潮的兴起，青壮年常年外出务工，村落中留下的多是老幼病残，这些人行动能力弱，不仅缺乏扑救火灾的能力，甚至连逃生能力也不具备。

1.1.4　造成损失重

西南山地村落火灾造成的损失主要不仅在经济和人身伤亡方面，更在烧毁大片房屋导致的文化资源损失上。根据对西南山地中的典型区域黔东南2011—2020年火灾数据统计，平均每次火灾的受伤人数和死亡人数均值分别为0.01人（图1-3）和0.06人（图1-4），直接财产损失的均值约为9.37万元（图1-5），按照火灾事故等级评定标准来讲属于最低级，即一般火灾。但是受灾户数较大，均值为3.61户（图1-6），相当于每次火灾要烧毁将近四栋房屋。而西南山地村落的房屋多数为富有民族特色的传统民居，一旦烧毁就难以复制。

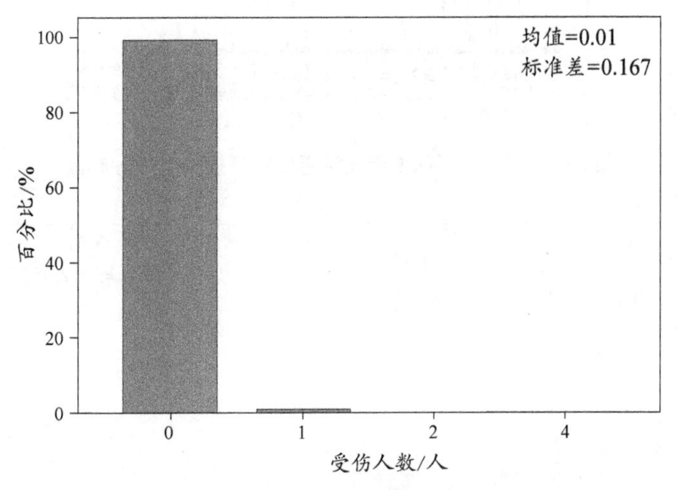

图1-3　2011—2020年火灾受伤人数频率分布图

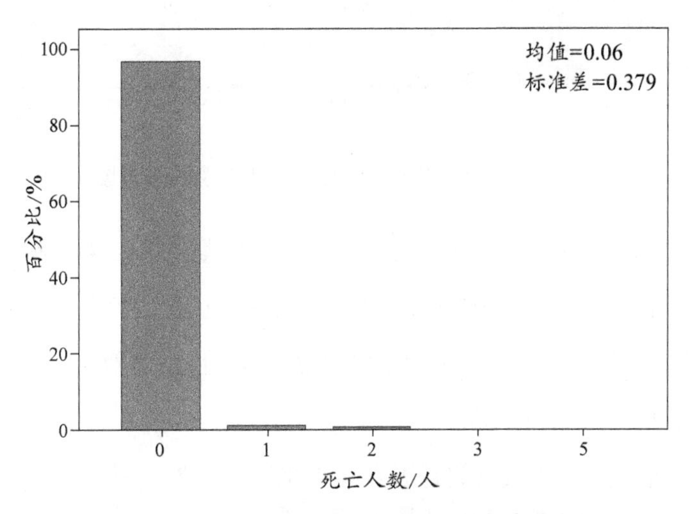

图1-4　2011—2020年火灾死亡人数频率分布图

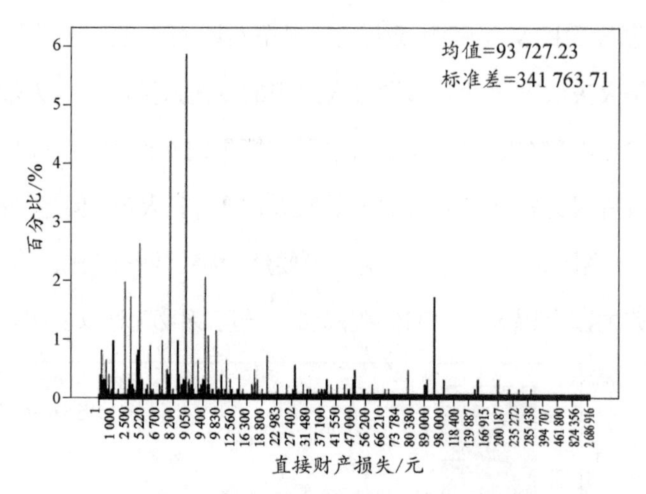

图1-5　2011—2020年火灾直接财产损失频率分布图

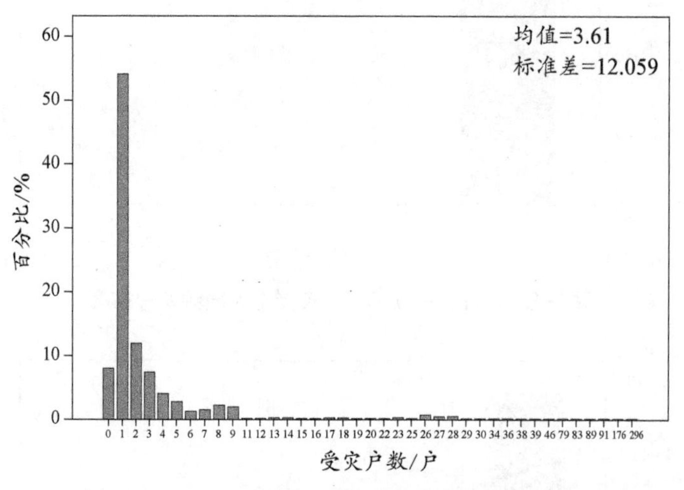

图1-6　2011—2020年火灾受灾户数频率分布图

连营火灾往往发生在木质建筑集中连片的村落，而这类村落的很大一部分属于传统村落，是已经被国家认证的重点保护村落，具有极高的文化价值、景观价值和旅游价值，一旦被毁就不可再生，这不仅对本地区，更是对整个建筑界和文化界不可挽回的损失。

值得一提的是，亡人火灾是近几年来越发突出的一种火灾类型，事故数量逐年攀升，逐渐引起了各界的重视，例如，2023年西江苗寨和肇兴侗寨都发生了小火亡人火灾，似乎已显现出越发扩大的趋势。本来对于木构建筑来说，即使着火，建筑本身楼层不高，材质的不坚固和易破坏性也会使人员的紧急逃生变得可行，不至于造成被困火海的恶果。但是近年来随着村落建筑材质木改砖的盛行，砖房的楼层更高，封闭性更强，疏散通道被堵，对紧急逃生造成了一定的障碍，易造成“小火亡人”的后果。

黔东南是拥有传统村落最多的市级行政区，数量占全国总量的5.08%。其他的文化资源也非常丰富，名村、名街和古建筑众多，拥有中国历史文化名村7个，占全国总数的2%；国家级生态村5个，占全国总数的2%；中国世界文化遗产预备名单21个，占全国总数的7%；国家级重点文物保护单位19个，其他重点文物保护单位136个。另一方面，黔东南也是火灾频率与火灾强度最大的地区，从2011—2015年贵州省的村落火灾数量来看，黔东南的火灾形势最为突出，素有“全国村落火灾看贵州，贵州村落火灾看黔东南”之称[2]，是研究西南山地传统村落火灾问题的最佳样本。故本书以黔东南为例展开西南山地村落的火灾研究。

1.2　山地村落火灾的理论基础

关于火灾的理论很多，不同物态火源引起的火灾、不同场所的火灾，火灾发展的各个过程的理论都有所不同，但是这些理论还是可以统一在一个框架之下的。总体来说，起火原因在于火灾三要素同时满足条件：火源、可燃物、助燃剂相遇后会发生燃烧；火灾蔓延过程相当于火源不断向外拓展的过程，逐渐吞噬掉周围的可燃物，让自身逐渐壮大。火源已具备，要继续燃烧的话就需要可燃物和助燃剂，并且要求二者满足一定的配比；缺少助燃剂会导致可燃物燃烧不充分，延缓火灾蔓延速度；缺少可燃物会导致火灾难以持续。受限空间的火灾往往会缺乏助燃剂，属于通风控制型火灾，待建筑围护结构局部被破坏出现开口后又变为燃料控制型火灾。受限空间的火灾受制于可燃物和助燃剂，而开放空间的火灾蔓延主要受制于可燃物和一部分环境因素。反之就是灭火的原理，只要破坏掉火灾三要素中的任意一个要素或者断掉链式反应，就可终止燃烧过程。

1.2.1 起火理论

火灾是在时间和空间上失去约束的燃烧。燃烧实际上是可燃物与助燃剂在一定条件下发生相互作用，继而产生一种较为剧烈的放热反应。这个过程伴随发光、发热、火焰，甚至会发生爆炸。火灾三要素理论认为，在可燃物、助燃剂、点火源同时存在时，即会发生燃烧。可燃物在点火源的作用下达到了其着火点，接触到充足的氧气（助燃剂），而与氧气发生化学反应即燃烧起来。

1.2.2 火灾蔓延理论

建筑火灾蔓延从蔓延路径上主要包括建筑内火灾蔓延和建筑间火灾蔓延两个过程，前者是受限空间内的蔓延，后者是开放空间的蔓延，二者的蔓延过程和影响因素有所差别。

1.2.2.1 建筑内火灾蔓延理论

建筑内火灾蔓延是指火灾一般自建筑内起，若未及时控制住起火点，火势将在建筑中迅速蔓延，最终波及整栋建筑。室内火灾过程一般分为四个阶段，即起火阶段、成长阶段、全盛阶段和衰退阶段。

起火阶段的燃烧面积小、室温不高、烟气流动慢。这一阶段的持续时间取决于火源类型、室内物品的燃烧性能和布置方式以及室内的通风状况等。例如由明火引燃家具所需的时间较短，而烟头引燃垃圾桶杂物由于需经历阴燃则所需时间较长。这一阶段是扑灭火灾的最有效时机。

在成长阶段，空气的对流通路一旦形成后，即室内通风状况良好，氧气供给充足，燃烧随即变得激烈，室内温度急剧升高。起火点附近可燃物逐渐参与燃烧，火焰冲向天花板，最后达到轰燃。轰燃时整个建筑内的可燃物表面乃至热解出来的可燃气体全部参与燃烧，室内温度可达到800～1 000 ℃，这对室内人员逃生和火灾扑救造成了巨大困难，是外部消防员进入室内搜救的最后时间点。这个过程相对短暂，所以在有些研究中并未将其单独列为一个阶段。

火灾进入全盛阶段的标志是轰燃。轰燃以后，火灾燃烧速度增加，热释放速率、室内温度、产烟量和烟气毒性迅速上升，有火焰和烟气从建筑的开口处喷出，温度达到最高，火势也达到鼎盛，故称为全盛阶段。该时期建筑结构将受到巨大损坏，石灰、石膏、混凝土可能产生爆裂而剥落，砖墙受火面的砖块可能会熔化、流淌，使灰缝中的砂浆酥裂，失去黏结能力。全盛阶段的持续时间与可燃物的数量、可燃物与空气接触面积大小、建筑的通风状况有密切关系。根据空气量短缺抑或可燃物短缺分为通风控制型火灾和燃料控制型火灾[3]。

全盛阶段过后，随着可燃物燃烧殆尽，或通风不良，或灭火行动的干预，火势逐渐减弱，室内温度下降至最高温度的80%以下时，即可认为火势进入衰退阶段。该阶段可燃物仅剩暗红色余烬及局部微小火苗，温度在较长的时间内保持在200～300 ℃。当燃烧物全部烧光后火势趋于熄灭，温度快速下降，燃烧残留物落到地板上形成余烬（图1-7）[4]。

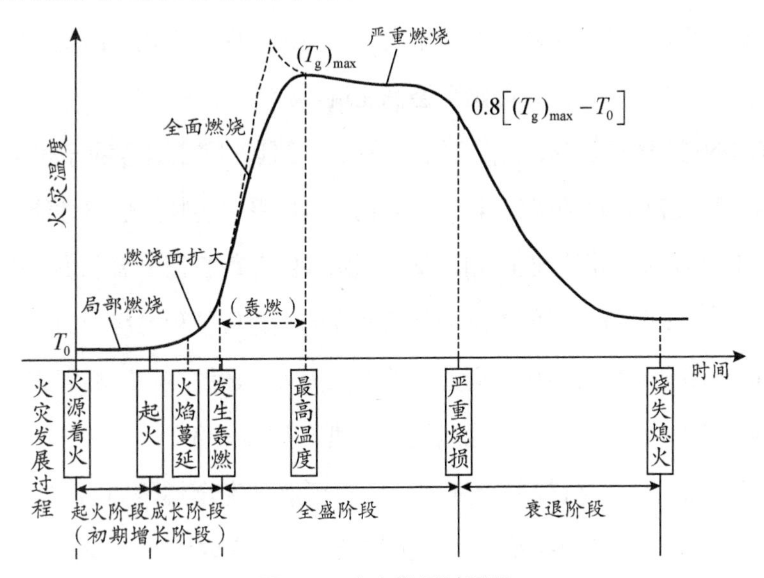

图1-7　火灾发展过程图

上述火灾发生、发展、成灾到衰减熄灭四个阶段的持续时间和温度变化，是由影响燃烧的多种因素共同决定的，不同类型建筑的室内火灾的温度－时间特性曲线也是千差万别的，完全相同的火灾曲线是不存在的。

室内火灾蔓延主要有两种形式，横向蔓延和竖向蔓延。二者同时发生，只不过由于烟气浮力的作用，竖向蔓延速度要快于横向蔓延速度。横向蔓延主要通过起火点火焰沿水平方向的可燃物进行扩张，通过内墙、门框缝隙传播烟气和加速木构件的热解，再通过烧穿内墙进行火焰传播，蔓延出房间，造成整栋建筑的传播；再通过外墙的门窗洞口，并在热应力的作用下破坏外墙窗户，形成窗口溢流，火焰蹿出窗口，不仅继续向外进行热辐射，而且沿着外墙向上传播火焰，形似“火舌”。竖向蔓延主要通过楼板缝隙传播烟气和加速木构件的热解，通过烧穿楼板继续向上传播火焰，并且很大程度上通过楼板开口的地方，如开敞楼梯间进行烟气和热量的传播，使上层的可燃物温度达到着火点而起火，从而形成室内火灾的大规模蔓延。对于全木建筑来说，室内的建筑构件全为木质，水平构件楼板、梁、檩、椽和垂直构件柱、墙、门共同搭建了一个木质的网络，让火焰可以沿着这些建筑构件在全屋畅通无阻地延烧。故这个过程中，火焰接触与延烧是木构建筑室内火灾蔓延的主要方式。即使室内可燃物少且不连续，也足以让火势蔓延至整栋建筑。

室内的燃烧一旦成灾，蔓延能否持续和蔓延速度主要取决于可燃物和氧气能否持续供应和如何供应。其中可燃物的供应受可燃物的燃烧性能、数量和分布影响，可燃物的燃烧性能和数量可以由火灾荷载表征；氧气供应由建筑的通风效率决定；而且火源位置影响与可燃物的相对位置和燃烧中的得氧量，建筑的空间布局影响火灾的蔓延通道，故室内火灾蔓延的核心影响因素是火灾荷载、火源位置、可燃物分布、通风效率和建筑空间布局[5]。

火灾荷载　火灾荷载是指房间中所有可燃物完全燃烧时放出的总热量，单位为MJ。火灾荷载直接决定着火灾持续时间和室内温度的变化。在其他因素相同的情况下，建筑中的火灾荷载越大，火灾中释放的热量越多，升温越高，持续时间越长。它取决于室内可燃物的数量和燃烧性能，燃烧性能主要指可燃物的燃烧热值，即单位质量的材料完全燃烧时所释放的总热量，表1-2列出了室内常见可燃材料的燃烧热值。

表1-2　室内常见可燃材料的燃烧热值

材料	燃烧热值 / (MJ · kg^{-1})	
	单位质量的燃烧热值	消耗单位氧气的燃烧热值
甲醛	50.01	12.54
乙醛	47.48	12.75
聚乙烯	43.28	12.65
聚氯乙烯	16.43	12.84
纤维素	16.09	13.59
木棉	15.55	13.61
报纸	18.40	13.40
纸箱	16.04	13.70
树叶(阔叶树)	19.30	12.28
木材（枫木）	17.78	12.51

火源位置　火源位置会不同程度地影响可燃物的距离和火焰得氧情况，进而影响燃烧的反应速度。①影响可燃物的距离。如果火源位置离周边可燃物位置较远，较为孤立，那么它可能直至燃烧殆尽也接触不到其他可燃物来维持燃烧，火焰就会熄灭。反之如果火源位置离周边可燃物很近的话，在火势发展过程中就会不断有可燃物加入燃烧致使火灾蔓延。②影响火焰得氧情况。如果火源位置位于建筑的墙角，那么一方面火源周边是连续的可燃物可以保持火势持续燃烧，另一方面将墙体烧裂烧穿后，会有更多氧气补给进来，进而增大火灾的蔓延速率。有研究表明，火源位置在室内的中间、边上和角落时的燃烧速度差别较大，其中火源位置位于角落的燃烧速度最快、边上的次之、中间的最慢（图1-8）[6]。也另有研究人员对火源位置进行了相关研究，例如：床上、地毯、沙发、垃圾桶等位置是烟头引发火灾的常见位置；天花板和墙角属于电线引起火灾的典型位置。

可燃物分布　居住建筑室内存在大量的可燃材料，主要包括装饰材料和家具，这些可燃物的分布位置对建筑火灾蔓延有很大的影响。布置不得当，很小

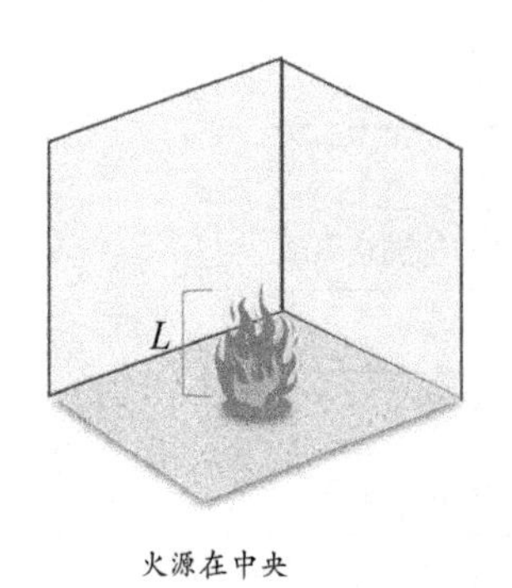

火源在中央

火源在墙边

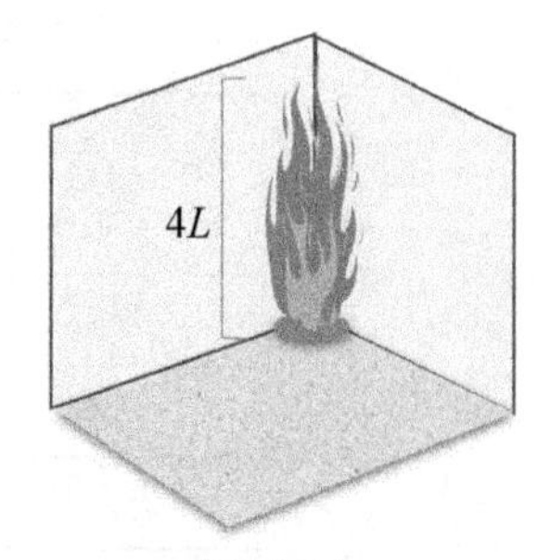

火源在墙角

图1-8　不同火源位置的火焰高度

的火源也会发展成为火灾，产生严重的后果。如果住宅中的各种可燃物品分散布置，可燃物之间留有一定间距，那么发生火灾时，火灾蔓延速度就会较慢；如果可燃物品布置的位置较高，火焰会很快蔓延到屋顶，进而横向蔓延，传播到其他房间中。

通风效率　建筑的通风状况直接影响着火房间的氧气供给。建筑的通风状况与围护结构的洞口大小、位置、形状有关。当门、窗洞口面积很小时，火灾时进入房间的空气量受到限制，若可燃物多，则可燃物的燃烧会不充分。随着开口面积增大，进气量增多，则会导致火的燃烧速度加快，这种受空气流量影响的火灾被称为通风控制型火灾。当房间开口面积进一步增大到氧气供给量足以满足可燃物的燃烧时，则空气量的继续增加不会引起燃烧速度的增大，此时蔓延速度由可燃物的燃烧性能、数量和分布决定，变为了燃料控制型火灾。

建筑空间布局　这里着重指建筑内部空间的分隔程度，分隔程度越大，越有利于阻止火灾蔓延。建筑空间布局约束着火焰和烟气蔓延的路径，其不燃实体的分隔可以阻止火势的发展，其内部的开口则会成为火灾快速蔓延的通道。另外，起火房间的形状和建筑构件的导热性会影响房间的升温速率，进而影响燃烧速度。当房间进深较大时，室内火灾的热量更容易积聚，进而导致室内温度过高；当墙体、楼板和天花板的导热系数较低时，将不利于火灾燃烧释放热量的散发，导致室内升温过快[7]。

1.2.2.2　建筑间火灾蔓延理论

建筑发生火灾燃烧后，热量向室外空间传递，如果相邻的建筑不断获得的热量达到其起火的临界值时，就可能导致火灾在相邻建筑间蔓延。建筑间的火灾蔓延方式主要有火焰接触、延烧、热辐射、热羽流和飞火等途径[8]。其中，火焰接触是指一栋建筑燃烧时的火焰直接接触到邻近建筑并将其引燃，这种蔓延方式多发生在距离较近的情况下。延烧是指固体可燃物表面起火后，沿可燃材料表面连续向四周蔓延的现象。在可燃性建筑物中，这是最常见的蔓延方式。热辐射是指物体通过电磁波的方式对外传递热能的过程，建筑燃烧时的热量以热辐射方式通过门窗等开口部位传递到周围建筑。热羽流是指热量通过流动介质传播到其他地方的过程，起火建筑产生的高温热烟气随风扩散到较远处，会引发其他建筑起火。飞火是指燃烧的固体碎屑被热羽流或风携带到其他地方，接触建筑的可燃部位时可能引发火灾。在以上途径中，热辐射是最主要的火灾蔓延方式，热羽流是火灾扩散到远处的主要途径[9]，飞火是将火灾传播到更远地方的途径，但其随机性很大，难以描述和量化[10]。

建筑间的火灾蔓延突破了室内的受限空间，进入了开放空间，此时仍然主要受可燃物供应的影响，一定程度上受环境参数的影响，而不再受氧气供应的约束。建筑间火灾蔓延的影响因素包括可燃物的分布、可燃物的火灾荷载、可燃物间火灾传播途径、火源位置和环境因素几大方面，其中可燃物的分布受制于建筑物间间距和群落空间布局，可燃物间火灾传播途径主要取决于界面材质、开口特征因素，环境因素包括风、温度、含水率等（图1-9）。

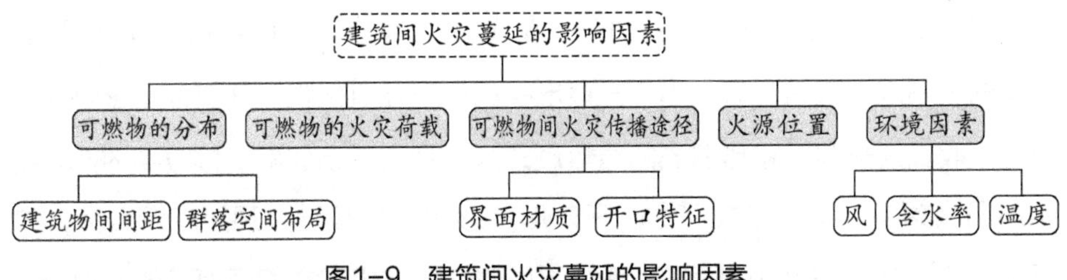

图1-9　建筑间火灾蔓延的影响因素

火灾荷载对建筑间的火灾蔓延影响与对室内火灾蔓延的影响类似，建筑间的火灾会发展为群落火灾，而群落内部的可燃物一般是可燃的建构筑物，建筑本身的耐火等级基本一致，其内部储存的可燃物大同小异，其火灾荷载的差异可以忽略不计，故这里只考虑可燃物数量即可。可燃建构筑物数量越多，造成的火灾蔓延规模越大。

建筑物间间距 热辐射作用会随着距离的增加快速递减。起火建筑与相邻建筑的间距越大，相邻建筑被引燃得越慢，当间距达到防火安全距离及以上时，相邻建筑将不会被引燃。建筑物间间距对于群落火灾蔓延来讲至关重要。建筑物间间距受到一定地貌因素的影响，例如，在山地村落，坡度越大，前后两排建筑的竖向间距越大，二者相对的面积越小，意味着建筑的受火面越小，而且升起的台地也能挡住一部分的热辐射。

群落空间布局 它整体上决定了可燃建构筑物的分布，何种排布方式，集中还是分散，在火灾蔓延过程中能否持续被引燃。群落空间布局还间接影响了建筑之间的间距。可燃建构筑物越集中，建筑间距越小，火灾蔓延速度越快，越有可能发生连片火灾。反过来讲，怎样布局隔火空间对于高效率地控制和延缓火灾蔓延来讲非常重要。

界面材质 主要考虑起火建筑的起火面和相邻建筑的受火面的界面材质的燃烧性能。当受火面的界面材质为不燃烧体且无开口时，理论上无论间距多小，都能够阻止火势蔓延。当受火面为可燃材料时，必须保持足够防火间距才能不被引燃。

开口特征 开口是整个立面防火最薄弱的部位。开口包括开窗和开洞，涉及的影响因素包括开口大小、开口形状和相对开口位置。开口大小影响相邻建筑接收到的热辐射和热羽流的传热量，开口越大，相邻建筑接收到的热辐射和热羽流越多，越容易被引燃。开口形状影响火焰蔓延，通风状况与$A\sqrt{h}$成正比，这里A是房间洞口面积，h是洞口高度。这说明在相同面积的开口条件下，矮宽窗比高窄窗通风差。开口相对位置是指起火面和受火面开口的相对位置，同样影响相邻建筑接收到的热辐射和热羽流的传热量，如果二者位置正好相对，则相邻建筑最容易被引燃。

火源位置　在建筑群的空间层级指的是起火建筑的位置，它直接影响火灾的蔓延规模和蔓延速度，与建筑内的火灾蔓延影响原理类似，一是涉及火源位置与可燃物分布的相互关系，二者共同影响火灾蔓延强度和蔓延速度，例如在一个可燃物分布较密集的平原村落中，处于中心位置的起火点能够引起最快速和最大范围的火灾蔓延；二是涉及火源位置与风场的相互作用，如果起火建筑在风场的上风向，在风力的助推下，将会造成大面积的火灾蔓延。

风　所谓“火借风势，风助火威”，风是影响建筑群落火灾蔓延的重要因素。其一，风能够助推火灾的热辐射和热羽流的传播，突破防火间距，使远处的建筑被引燃；其二，风能不断向火场补充新的氧气，促使可燃物燃烧得更充分，加速火势蔓延；其三，大风更容易形成飞火，通过飞火造成火灾的多点传播和远距离传播；其四，风还能够加快可燃物的水分蒸发，加速干燥而使可燃物易燃，加快火灾蔓延速度。

含水率　起火建筑燃烧产生的热量传递到可燃物时首先会被可燃物中的水分吸收，水分汽化后降温，使可燃物难以达到其着火点。故而含水率越高，可燃物越难以被引燃。所以下过雨以后的村落不易发生大规模火灾，而在天干物燥的秋冬季节火灾则容易发生。

温度　一方面，温度越高，可燃物中的水分蒸发得越快，含水率越低，越容易被引燃。另一方面，可燃物要达到着火点需要一定的热量，较高的气温可以使可燃物被引燃所需的热量变少，使得可燃物更容易起火。另外，较高的气温还可以促使已经发生的火灾燃烧速度更快，使火势更加猛烈。

1.2.3　灭火理论

根据火灾三要素原理，可燃物、助燃剂和火源同时具备才能导致起火；反之，灭火只需要破坏掉其中任何一个要素，或者克制反应过程中的链式反应自由基，即可终止整个燃烧过程（图1-10）[11]。由此产生了四种灭火方法，即冷却法、隔离法、窒息法和化学抑制法。具体而言：

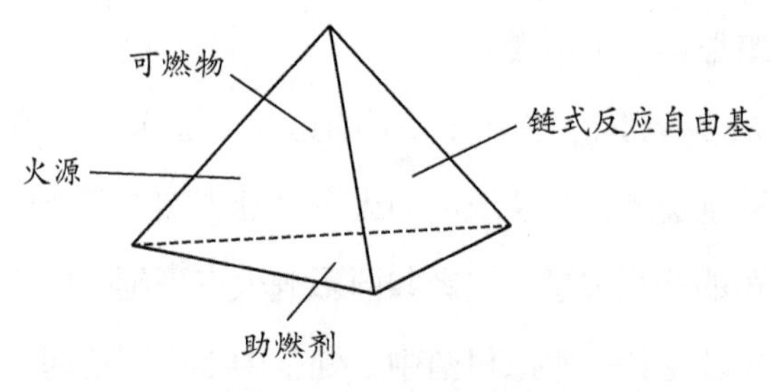

图1–10　灭火四面体

1.2.3.1　冷却法

通过将可燃物的温度降低到其着火点以下以终止燃烧。对于可燃固体，要将其冷却到燃点以下；对于可燃液体，要将其冷却到闪点以下。在大型火场中，要想冷却可燃物的温度，需要降低整个火场的温度，这就是低温灭火，这对消防技术的要求较高。消防水枪灭火就是冷却法的一个应用。当水被喷射到可燃物表面时，水通过汽化作用带走了大量的热，降低了可燃物的温度，从而实现灭火。

1.2.3.2　隔离法

分为可燃物与火源的隔离和可燃物与氧气的隔离。对于可燃物与火源的隔离，要求将火场周边的可燃物清除，或者搬离到足够远的安全区域，或者对可燃物表面进行防火保护，对于难以移动的可燃物可能需要局部破坏来开辟出足够的隔火空间。对于可燃物与氧气的隔离，可以在可燃物表面喷涂灭火的泡沫、石墨粉等，这样会在可燃物表面形成一层保护膜，将可燃物与氧气隔绝，从而抑制燃烧。

1.2.3.3　窒息法

将可燃物周边的氧气浓度降低到能够支持燃烧的临界浓度以下，以终止燃烧反应，通常一般的碳氢化合物的气体或蒸汽在氧气浓度低于15%时不能维持燃烧。通过向可燃物表面喷射氮气、惰性气体等不燃性气体逐渐降低周围氧气浓度，使可燃物的燃烧难以持续，从而达到灭火目的。需要注意的是，如果火场附近存有易爆物品，窒息法带来的夺氧反应容易导致这些物品爆炸。

1.2.3.4　化学抑制法

物质的燃烧反应都是通过链式反应进行的，只要能够有效抑制自由基的产生或者能够迅速降低火焰的氢离子、氢氧根离子等自由基的浓度，燃烧就会中止。化学抑制法就是通过向燃烧区域喷射特定物质以切断燃烧的链式反应达到灭火目的的。可以利用卤代烷类的灭火剂进行灭火，在高温条件下，这类灭火剂会分解成 Cl、Br 以及粉末颗粒，可以有效抑制可燃物燃烧，达到较好的灭火效果。

常用的灭火器利用的就是以上的灭火方法，例如二氧化碳灭火器利用的是隔离法，改性灭火器利用的是窒息法，干粉灭火器利用的是化学抑制法和窒息法，水基灭火器利用的是冷却法和隔离法。

现实的火灾往往是复杂的，需要根据可燃物燃烧的状态、燃烧方式和火场的情况，进行正确的判断和决策，选择合理的灭火方法对火灾进行控制，可以选择单一方法，也可以综合选择以上方法中的几种。

1.3　山地村落火灾的分析框架

根据上述理论，结合山地村落的特点，提取出与火灾三要素相对应的三大影响要素——火源、人居和地貌，其中，人居对应山地村落的可燃物数量和分布；地貌一方面影响了可燃物的分布，另一方面为火灾的蔓延和扑救提供了相关外环境。首先对各要素进行详细分析，在此基础上着重进行火灾全过程分析，辅以火灾数据的数理分析，总结其中的规律和关键导控要素，进而提出相应的防治策略。

因此，本书各章节的安排如下：

第1章总论火灾特点及火灾相关理论基础，形成山地村落火灾的研究路径和整体分析框架。

第2章分析山地村落的火源、地貌和人居特征，为第4章的针对火灾全过程的综合分析做准备。

第3章通过对火灾数据的数理分析挖掘火灾频率和强度与山地村落要素的相关性。

第4章综合分析火灾全过程，即起火阶段、室内火灾蔓延阶段、村落火灾蔓延阶段和灭火阶段的影响因素和作用机制。

第5章在第3章和第4章分析的基础上总结归纳山地村落火灾的规律和提炼导控要素。

第6章根据第5章的结论从空间、过程和村落类别相交织的维度，从空间和治理的角度提出一套针对各类村落的差异化防治策略。

第2章　山地村落火灾要素分析

2.1　山地村落的火源特征

火源是山地村落火灾的核心致灾因子，火源的种类决定村落可能产生的火灾类型，火源的数量影响村落的火灾频率，进而共同影响着村落的火灾风险，因而，识别山地村落的火源特征对于分析火灾有重要意义。近年来，快速的城镇化进程对山地村落消防场域产生了较大冲击，并且导致了其中火源的变化。

2.1.1　城镇化对村落消防场域的冲击

自20世纪90年代开始，快速的城镇化进程为山地村落带来了巨大变化，村落事务由“村两委”管理，村落建设更为完备便利，村民生活更加殷实，产业由农业主导向非农产业转移。但是城镇化也对村落的消防场域产生了不小的冲击，主要体现在社会组织、产业变革、村民生活和村落建设等几个方面。

2.1.1.1　社会组织

社会组织上，基层社会组织逐渐瓦解。自上而下的政府管理取代了自下而上的村民自治，原本依靠地缘和血缘维系起来的基层社会组织逐渐瓦解；“村两委”取代了寨佬和乡贤成为村落的管理者，但是并不具备寨佬和乡贤的威望，有些政令难以下达或者难以实行；传统社会的村规民约等民间制度失去了权威性和约束力。村民变得离散化和原子化，对集体事务的热情下降，村民组织弱化。

2.1.1.2　产业变革

产业变革上，由农业主导向非农产业转变。村里的青壮年选择进城务工作为主要的谋生手段，村里只留下老人、小孩和妇女留守，客观上导致了村落的空心化和老龄化，村落中出现了越来越多的闲置住宅。随着城乡之间交流的频繁，山地村落逐渐为外界所认识，一些自然风光秀美、民族风俗保存好的村落逐渐发展起了旅游业，外来人口逐渐增多，村落业态逐渐丰富。

2.1.1.3 村民生活

村民生活方面有居住方式和用火方式的改变。“人畜混居”到“人畜分离”的居住方式变革使村民的居住环境更为健康和洁净，也改变了村民楼上用火的生活习惯。现代化生活方式的传入使得各式电器进驻到村民生活中，生活用能从明火变为以电为主明火为辅，兼用燃气、沼气；在伴随城镇化而来的对外开放过程中，少数民族村民逐渐被汉化，生活方式向城市靠拢，传统的地方风俗出现断裂，某些传统仪式几乎绝迹。

2.1.1.4 村落建设

村落建设方面，“撤村并点”的政策使得村落的规模扩张，人口的增长使村落内部的建设量增加，建筑越发密集，屋檐相连，接天蔽日，甚至为了腾出建设用地而填平水塘；私人领域的扩张导致公共空间逐渐被蚕食，村民自发搭建的附属建筑侵占街道、水塘、水井等，传统消防设施的效用难以为继。以上各方面都深刻地影响了山地村落的火灾风险变化，增大了起火概率和火灾蔓延程度。

2.1.2 火灾风险的变化

山地村落在传统时期小火多发，但很少发展成连片大火，长期保持着“火患多，火灾少”的态势[12]，现存数百年历史的传统村落即是明证。传统时期的山地村落村民以明火作为生活能源，进行取暖、照明、烹饪等活动，用火非常频繁[13]。火塘是一家人起居和炊事活动的核心空间（图2-1），火塘周围为木质围护结构，一旦看管不及便容易起火。村民还有利用火塘烘烤食物的习惯，食物的油脂滴入火塘极易助长火势。此外，节庆期间的祭祖烧纸活动也是村落起火的诱因（图2-2）。总之，此时期的山地村落火灾以明火为主，用火不慎是最主要的致灾原因。

图2–1　某苗族村寨的火塘间

图2–2　祭祖烧纸

山地村落进入现代后火灾频发，“火烧连营”等现象时有发生。据黔东南2011—2020年火灾数据统计分析，58.7% 的火灾起因源于电气火灾，21.9% 的火灾起因源于明火[14]。首先，此时期大部分村民依然保留着用明火取暖和烘烤食物的习惯，但并未延续传统时期小心用火的习惯，常因用火不慎而引发火灾。例如，老人用火盆取暖时睡着，被火苗引燃身上的衣服及周围可燃物进而引发火灾；村民倒掉的炉灰带有火星，死灰复燃后引燃周边的房屋。其次，村落的“空心化”和“老龄化”使儿童缺少看管，他们的玩火行为得不到有效约束，容易酿成屋毁人亡的惨剧。再次，村民自家不规范地存放农机具的机油，无疑增加了建筑的火灾荷载。生活方式的现代化促使各农户用电量大增，而现存的电路电线多数已经老化，部分电线绝缘层脱落暴露出内部线芯，导致村落用电负荷过大，经常出现过载、短路、漏电等现象。最后，村民不规范的用电行为，如受经济条件的限制而选用质次价低的用电器和插线板；为了节省造价，用铜丝或铁丝替代保险丝；为了方便使用电器而私拉乱接电线，并且将电线敷设在木质墙壁上（图2-3）。以上行为都加剧了起火风险，致使电气火灾成为山地村落火灾的头号起因。

图2-3 私拉乱接电线

值得一提的是，旅游产业的进驻使外来人口增多，游客的用电需求多，与之相关的经营活动多，使得村落的用电负荷骤增和可燃物增多；一些游客防火意识较差，乱扔烟头、卧床吸烟等情况时有发生；经营性场所的消防和疏散设计不规范、不达标，很多民宿消防设备不足，疏散通道只有一条；部分经营性、仓储性场所违规住人；一些经营性场所产权不明，防火责任不清晰，租户和业主互相推诿，无人为场所的消防负责；还有一些摊贩违规占道经营，为消防扑救工作和人员疏散增添了障碍。这些因素为山地村落带来了诸多隐蔽性强的火源，增加了村落的火灾荷载，并且增大了疏散难度，整体上提高了山地村落的火灾风险。

总之，山地村落的火灾风险来源由传统时期以明火为主转变为现代时期的以电气为主的火灾隐患，村落内部致灾因子增多，又增添了外来的隐蔽性强的致灾因子，山地村落的火灾风险较传统时期显著升高。

2.2 山地村落的地貌形构

2.2.1 地形地势

黔东南位于我国西南地区，贵州省东南部，地处云贵高原东南边缘的苗岭山脉，属于云贵高原向湘桂丘陵盆地过渡地带。根据地层岩石和地质外营力作用，境内可划分为岩溶地貌区和剥蚀、侵蚀地貌区（图2-4）。镇远至凯里一线之西北属岩溶地貌区，常见的地貌形态有峰丛、峰林、溶洞、溶洼、暗河等。镇远至凯里一线之东南属剥蚀、侵蚀地貌区，主要由碎屑岩组成，山体大、切割深，常形成脊状山。苗岭南部山区以雷公山为中心强烈隆升，大型断裂构造发育，造成这一地段的山脉呈东北向延伸。山体地貌的特征是山体大、切割深、陡坡降、山顶尖，常见切割深度大于500 m 的陡坡尖顶山、陡坡脊状山、陇状脊状山。山脚平地少，多以大小不等的构造谷地相隔，也有槽形谷，规模宽约100 m，大者可达500 m。

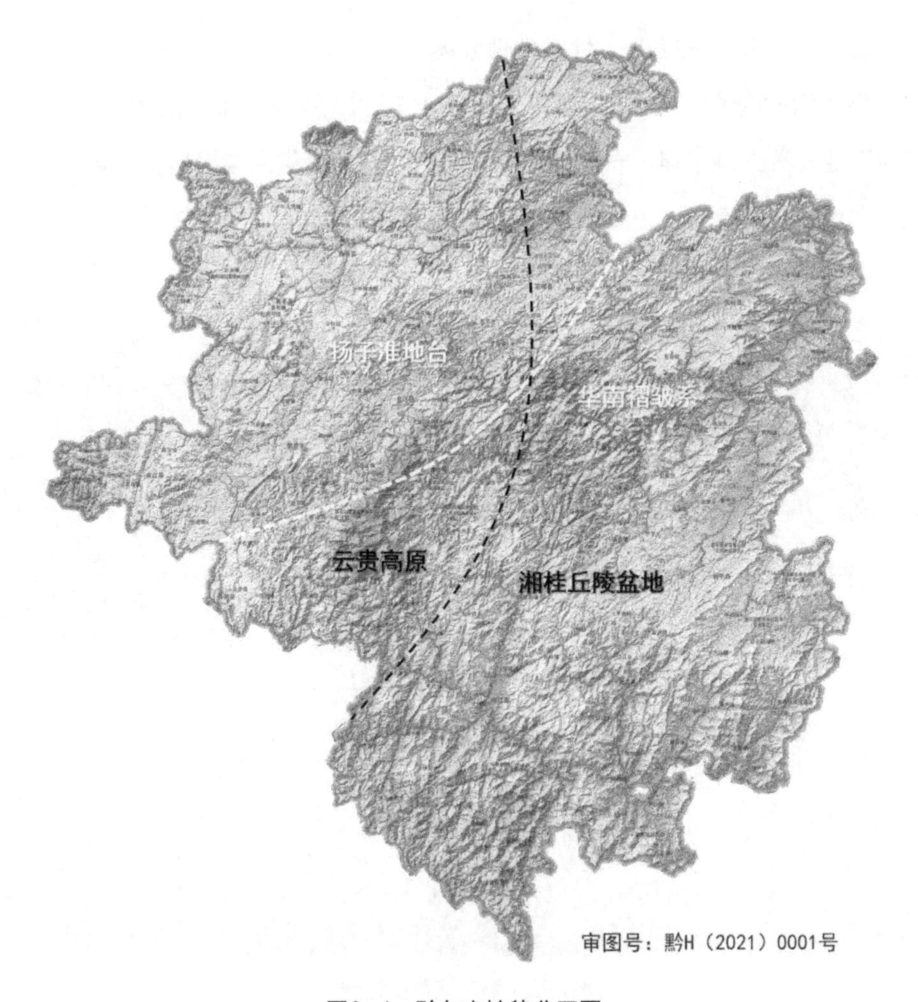

图2-4　黔东南地貌分区图

地势由西向东和东南降低，西部和中部的海拔高程一般为800～1 200 m，东部和东南部海拔高程为500～700 m，最高点为雷公山主峰黄羊山，海拔2 178.8 m，最低点为黎平县地坪乡井郎村水口河出省处，海拔137 m。地貌类型以山地为主，中部雷公山区和南部月亮山为中山地带，西部和西北部为丘陵低中山区，东部和东南部为低中山、低山、丘陵、盆地，其中低山占75.9%、低中山占19.2%、中山占1%、丘陵占2.7%、平原占1.2%。山地主要为亚热带常绿阔叶林和针阔混交林；丘陵则以热带和亚热带喀斯特地貌为主；盆地主要分布在河谷中，是重要的农业生产区[15]。

2.2.1.1　山多平地少，村落建设紧凑

黔东南境内群山连绵，沟壑纵横，素有“九山半水半分田”之称（图2-5）。其中平地非常少且零碎，一般分布在山川河谷间，可供人类聚居的缓坡地和平地非常有限，规模较小，人们为了充分利用稀缺的土地资源，故黔东南山地村落普遍建设得比较紧凑，建筑密度很大，特别有利于建筑之间的火灾蔓延，给消防工作带来了极大困难。

图2-5　黔东南群山连绵

2.2.1.2　可供利用的水源有限

黔东南境内河流纵横，大大小小的河流有2 900多条，以清水江、㵲阳河、都柳江为主干，分属两个水系，呈树枝状展布各地（图2-6）。苗岭以北的清水江、㵲阳河属于长江水系支流，苗岭以南的都柳江位于珠江水系上游。虽然河流数量不少，但是真正邻水而建或跨水而建的村落仍是少数，多数村落位于远离河流的山麓、山腰，甚至山脊处，也就是说，黔东南山地村落普遍先天缺少可供利用的消防水源。

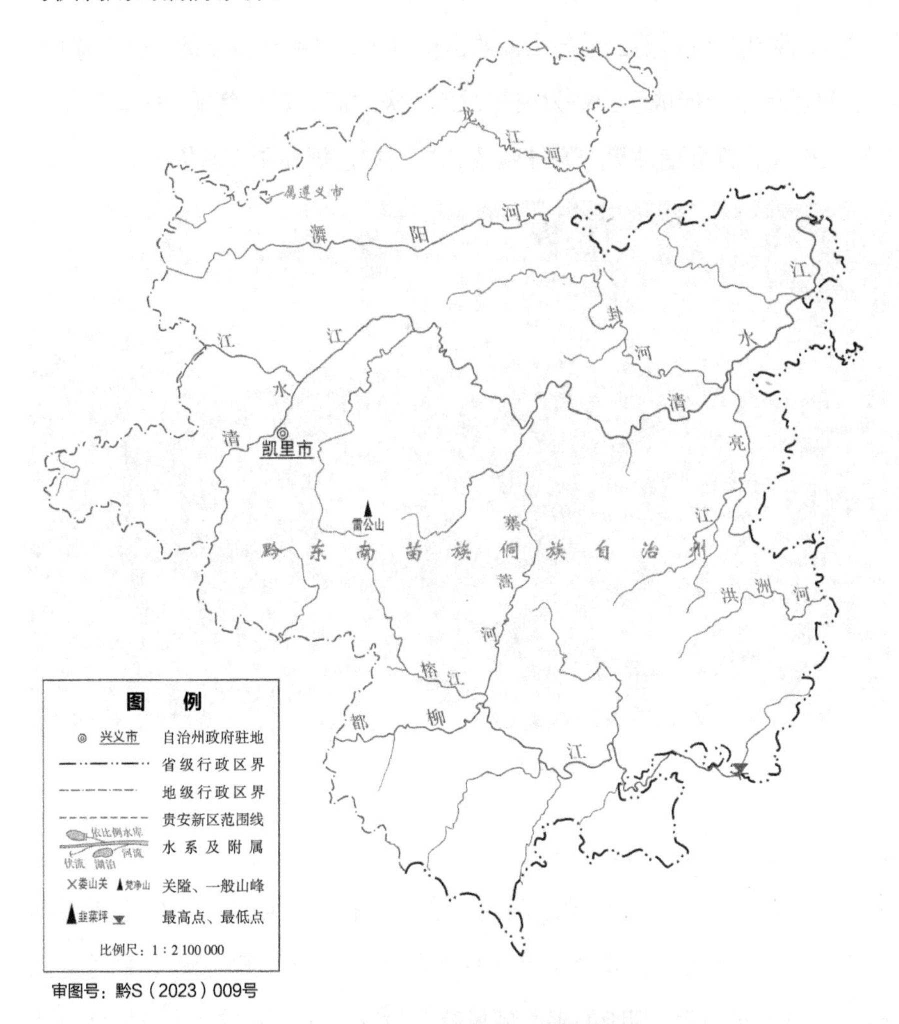

图2–6　黔东南水系示意图

2.2.1.3 山林与村落紧邻

黔东南森林资源丰富，有“杉乡”“林海”之称，是全国重点林区之一，也是贵州省的主要用材林基地，全省10个林业重点县，有8个在黔东南。全州有森林面积3 280.21万亩，森林覆盖率达65%。村落选址时通常会建于山林下方，将此片山林视为“保寨林”。村落对山林有相当强的依赖关系，因为山林一方面可以保持水土，涵养水源；另一方面可以保护村落免受滑坡、泥石流等地质灾害的侵害[16]。但是随着村落的发展和规模的增长，原本与山林之间的隔离带被逐渐蚕食，现在多数村落已经与山林紧密相接了，做到了真正的“开门见山”（图2-7）。这就客观上促成了山林火灾与村落火灾之间的互相蔓延。一旦其中任何一方发生火灾，都会造成另一方被殃及，扩大灾害规模和灾害损失。

图2-7 村林相接

2.2.1.4 交通不便，贻误时机

由于崇山峻岭的阻隔，村落之间的交通联系相当不便，需要经过重重的盘山公路，道路崎岖狭窄，坡度较大。即使修成了“村村通”公路，村落之间的通行距离也远大于同样间距的平原型村落，村落到城镇的交通也是如此。路远和坡陡严重增大了消防车的通行难度，降低了城镇消防队的救援速度。

2.2.2　山地风环境

在山地村落火灾中，风对火灾的发展蔓延有很大影响，风通过加快空气流动，为火场提供更多的氧气来加速可燃物燃烧和向外蔓延，在风速较大时易使村落内产生飞火，加速火灾向远处的传播；而风向直接影响了火势的蔓延方向，在风速足够大时甚至能够决定火灾的蔓延方向[17]。

黔东南山地村落的风环境主要受制于山地地貌的影响，与平原地区村落的风环境较为均质不同，山地村落的风环境主要受到山形尺度和村落所在山位的影响而表现得非常不均匀，并且随着时间变化还表现出了季节变化和日夜变化。

黔东南由于地形复杂、起伏多变、地势较高，容易形成局部风系统，山谷和山坡风向可能存在较大差异，局地容易出现较强的风速和逆温层。同时在峡谷等地形狭长地带还会形成风道效应，风速较大，风向多变。

黔东南群山连绵，山与山之间多形成峡谷，正是很多村落选址之处。峡谷的上下落差较大，尤其雷公山区域存在很多深切峡谷，落差高达500 m。当初始风向与峡谷方向平行时，由此产生的“狭管效应”会对峡谷内及两边山坡的风产生很大的加速作用（图2-8）。由于峡谷形状的深和短，会放大这种加速程度[18]。

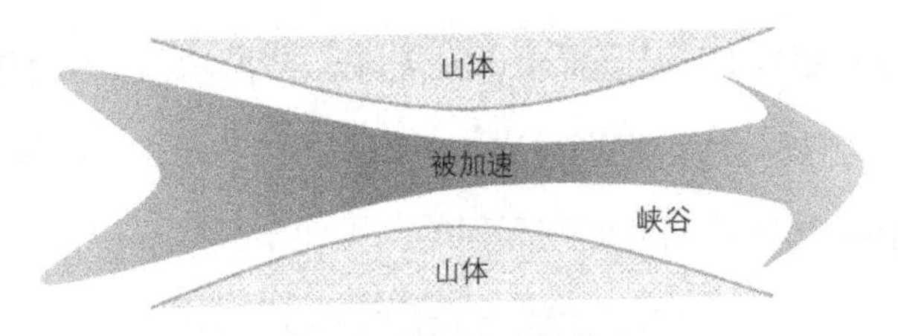

图2–8　峡谷的狭管效应

山地的不同山位在昼夜的温度不同，导致气压分布差异，白天山坡受到的太阳辐射热比山谷多，温度高于山谷，形成山谷流向山坡的上坡风，也叫谷风；夜晚与之相反，山谷温度高于山坡，形成山坡流向山谷的下坡风，也叫山风[19]（图2-9），这即是山地风环境的日夜变化。

图2-9　山地坡风和谷风的成因

2.2.2.1　风速

在风速方面，无论是峡谷地形还是独立山脉地形，由于越到山体上方的位置受遮挡越小，空间越开阔，风的流场受阻越小，一般遵循着随着山位升高，风速逐渐增大的规律，即山顶风速＞山腰风速＞山麓风速＞山谷风速，实测数据也印证了这样的规律。

从定量角度观测和分析，随机选取25个黔东南山地村落，对其2020—2022年的春夏秋冬四季的平均风速、最大风速、最大风频风向进行统计分析，发现山地村落的平均风速的平均值为1.567 m/s，标准差为1.347 m/s。最大风速的平均值为6.822 m/s，标准差为3.680 m/s。可见平均风速较小，但是最大风速较大，而且更加不均匀。处于不同山位的村落之间的风速存在显著差异（表2-1），从箱线图（图2-10）可以看出，山脊村落的平均风速远远高于其他村落，山腰村落次之，山麓与河谷平坝再次之，二者较为接近，鞍部村落风速最低。这主要源自山体对风的遮挡程度和高程的共同作用。

表2-1　不同山位村落对平均风速的非参数检验分析

平均风速中位数 M（P_{25}，P_{75}）/（$m \cdot s^{-1}$）					K-W检验统计量 H 值	p
山脊（n=2）	山腰（n=6）	山麓（n=7）	河谷平坝（n=8）	鞍部（n=2）		
5.350（3.5, 7.2）	1.550（1.2, 1.9）	1.050（0.7, 1.4）	1.176（0.8, 1.3）	0.825（0.5, 1.2）	10.489	0.033*

注：* 为 $p < 0.05$。

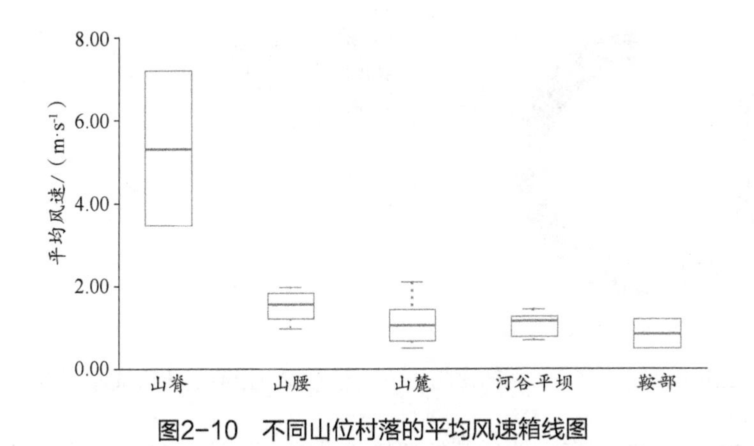

图2-10　不同山位村落的平均风速箱线图

2.2.2.2　风向

在风向方面，由于黔东南山地村落所在山位差异很大，与初始风向的关系难以确定，所以整体的风向仍然显示出非常不均匀的状态。

通过对上述实测数据的统计分析表明，村落的全年主导风向比较复杂，大致分三种：静风[①]、有主导风向和冬夏分异风向。其中全年主导风向为静风的村落占比最多，为60.7%，有主导风向和冬夏分异风向的村落占比分别为14.3%和25.0%（图2-11）。而且三者的全年平均风频都不高，分别占比36.3%、19.9%和11.9%（图2-12），不能称为严格意义上的“主导风向”，说明风向的变化非常多样。静风指风速较小以致无明显风向，有主导风向指全年有一个共同的主导风向，冬夏分异风向指的是冬季和夏季各有一个主导风向，且风向相反。有主导风向的村落风向并不一致，有S、SE、SW、NNE等多种风向。冬夏分异风向的村落风向一般为冬季NE、夏季SW，总体上类别多样，非常不稳定。这与山地村落的山位有一定相关性，但山位的作用效果不明显。通过图像比对，发现全年主导风向可能与村落所在的由峡谷或河流或多山体之间的开敞廊道空间形成的风廊方向一致。

① 静风指距地面10 m高处平均风速小于0.5 m/s的气象条件。静风即零级风，一般风速为0～0.2 m/s，常常是烟羽直上。距地面10 m高处平均风速 U_{10} 小于0.2 m/s的气象条件，风速已小于测风仪的最低阈值，用 C 表示。

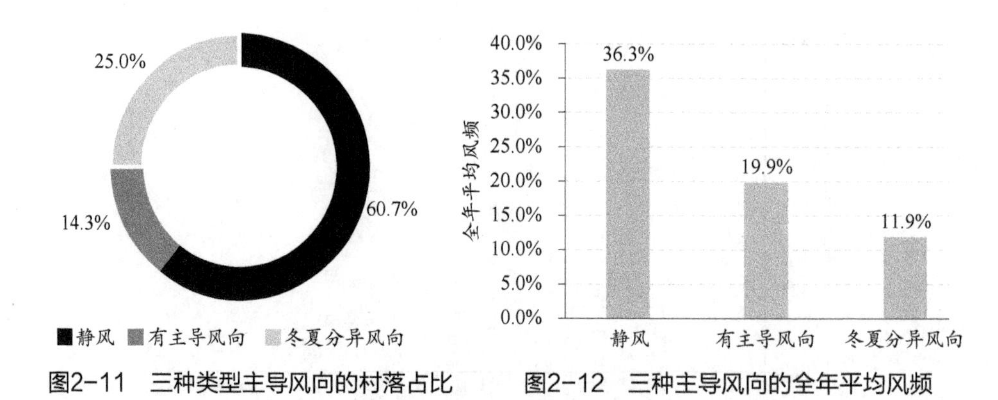

图2-11　三种类型主导风向的村落占比　　图2-12　三种主导风向的全年平均风频

总体而言，黔东南山地村落的风环境非常不均质，变化多端。风向多变，很少有全年主导风向，而且各村的主导风向也不一致。平均风速较小，但最大风速较大，会对火灾蔓延产生很大影响，对于火灾设防来说应该考虑最大风速的影响。

2.3　山地村落的空间格局

2.3.1　村落选址

由于山地地貌的阻隔，黔东南山地村落总体上呈现出“大分散、小集中”的状态，一般会选址在地势较平坦、坡度缓的地域，这样最便于开展建设活动；坡向较为随意，向阳固然好，但是当坡向与坡度产生矛盾时，通常会优先选择坡度缓的地域；海拔较低，一般在1 300 m 以下，否则会对农业灌溉产生不利影响；村落规模一般在100～300户之间，有些比较孤立的自然寨，规模仅有几十户，也有古老的大型村落，规模可达上千户，如西江苗寨和肇兴侗寨。村落规模主要是受地形限制，也就是平地面积的限制，户数超过了空间承载能力后则要分寨；多数地处偏远地带，尤其是山腰、山谷、山坳等地，与外界沟通交流少，这也是其保持文化与空间原生态的主要原因。

山地村落整体上呈现了两大类分布模式，一类是靠山攀升，另一类是沿河伸展。村落与地形地貌巧妙融合，使村落与山、水、田、林有机交融。靠山攀升类指村落顺山就势，顺着山体从山麓、山坳到山腰到山顶、山脊，只要坡度平缓之地，皆有村落分布（图2-13）；沿河伸展类指沿河谷坡地疏密相间散落，或在河滩阶地梯次建造，或择弯曲河谷筑楼绵延，或巧借迂回扇形掩映于绿树丛中，或挽襟带山水独居半岛台地，各具特色的村落形态充分彰显出山地传统村落分布的多样性（图2-14）。

图2-13　靠山攀升

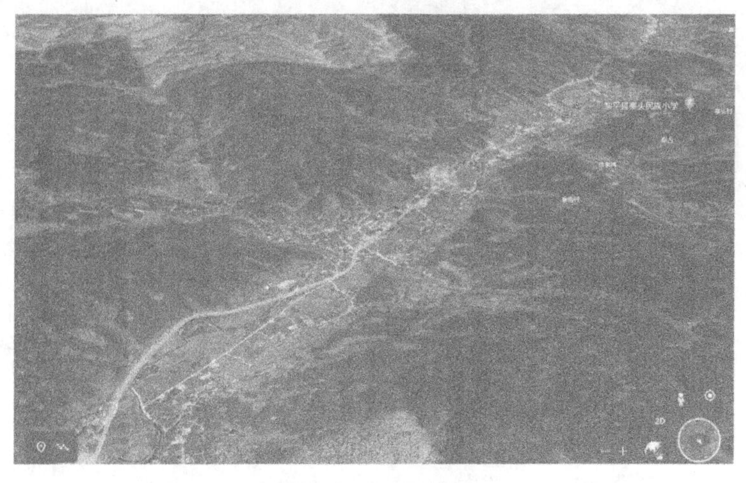

图2-14　沿河伸展

上述两类聚落选址模式基本上对应了黔东南的两大民族——苗族与侗族人民的聚居地，形成了明显的民族分异特征。也就是说，苗族村落通常居于深山，居高临下，易守难攻；而侗族村落则倾向于临水而居，沿河伸展。黔东南以苗族、侗族为主，二者在人口上分别占全州人口的41.6% 和29.0%（根据六普数据），苗族、侗族村落覆盖了黔东南的大部分地域。而且苗族、侗族村落相对集中地聚居在黔东南两个地理单元内，各居一端。苗族村落聚集在海拔最高的山区，以雷公山为中心，清水江为轴带，环绕其周边重峦之上。苗族传统村落大多分布于山腰，少数分布于河谷。侗族村落分布在地势渐缓的黔东南东部和南部月亮山麓大片地区，与桂北接壤。主要选址于地势较为平坦的河谷平坝和盆地[14]。“高山苗，水侗家，仡佬住在岩旮旯”便是对苗族、侗族择居最简明的释义（图2-15）。

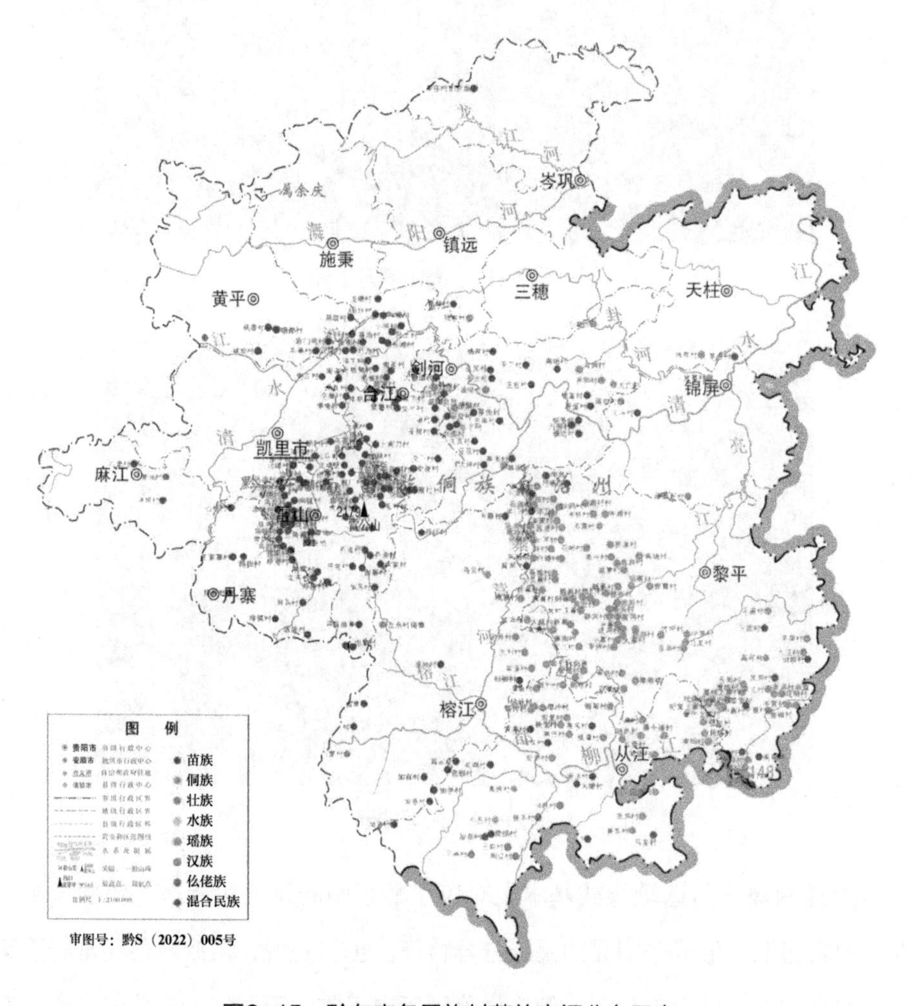

图2-15　黔东南各民族村落的空间分布示意

黔东南山地村落的聚居模式和民族分异特征之所以形成，主要在于地理条件、民族迁居史和生产生活需求三方面的因素。

2.3.1.1　地理条件

黔东南山地的破碎地形导致适宜建设的地块非常散布且多样化，且散布于山体的坡度较缓的山腰、山麓处，和较为平坦的山顶、山脊和山谷处。这些适合建设的地块规模大小不一，山体的围合与遮挡作用又限制了村落的规模拓展，使得村落规模很难突破所在山位提供的缓坡地范围。山位还很大程度上决定了村落的形态。位于山谷和山脊的村落通常是集中的团状，位于峡谷和山脊的村落一般呈带状，位于山腰和山麓的村落受限较少，山腰村落可以沿横向或者坡向延展，山麓村落可以沿横向和上坡方向延展，因此有带状也有团状。

2.3.1.2　民族迁居史

苗族、侗族村落的选址存在较大差异主要由于二者的择居观念，而择居观念又深受各自民族迁居史的影响。

苗族是一个饱受磨难与欺凌的民族，苗族先民从上古时代就一直受到历代统治阶级的排斥、压迫和追杀，以至被迫频繁迁徙避难，也迫使苗族养成了顽强的意志和强烈的忧患意识。历史上苗族的迁徙路线主要沿长江流域的上游支流沅水和清水江溯江而上，几经辗转才迁徙到黔地。由于黔东南地形复杂，重峦叠嶂，以致官兵无法大规模入此地征战，遂成为苗族的最后定居地。苗族村落大多聚居在雷公山山脉和清水江流域的广大地区，依山而建，择险而居；有的村落甚至会选择山顶、垭口、悬崖和半岛台地等地势险要之处安寨，以便居高临下，易守难攻。防御成为苗族村落选址的首要考虑条件。

侗族源于我国岭南古老的百越民族。自从秦始皇征战岭南百越人起，百越族在历代中央政权的军事进攻和政治压力下，渐渐往西北方向迁徙，经过了一个漫长的历史过程。迁徙路线主要沿珠江流域支流溯江而上，最后到达黔、湘、桂交界处才定居下来，主要聚居在都柳江流域。百越族世居水网密布的江南和岭南江河湖泊交错地区，以船为马，以稻作渔猎为生，所以侗族入黔时依然沿袭了亲水的民族基因，喜欢逐水而居，选在地势相对平缓的环山河谷、溪流和近水坪坝处建设村落，很少直接建在山上。但随着村落的扩展和村民的繁衍，原来母寨承载不下的村民会选择在周边的山麓或山腰处另立新寨。

2.3.1.3 生活生产需求

人们选址建寨，是为族人能在此地生存并且长久发展下去，核心原则是要满足村民的生活和生产需求。总体而言，基本的生活和生产需求包括安全、充足的耕地、保证生活和生产的用水和保障灌溉便利。①安全。出于其艰辛的历史迁徙过程，苗族对于村落的防卫尤为看重，甚至因此放弃部分交通与耕作的便利。大部分苗寨选址位于深山之中的山腰乃至山脊、悬崖，居高临下，易守难攻。②耕地。在民族古歌中，因土地贫瘠，不堪养育人口而迁徙的情况比比皆是，所以村落选址更加重视聚落周边是否有足够的可耕种的土地，这决定了村落能否供养足够多的人口和村落的发展潜力。③水源。水源对于人们日常生活用水和用于农业生产的灌溉用水至为重要，即使不能临水而建的村落也要设法寻找有小溪小河等有水源的地方建寨。黔东南地区由于独特的水文地质条件与植被条件，形成了丰富的流向多变的小型地表径流和较为稳定的浅表型地下含水层，小溪、山泉能为聚落的生产生活提供必要的用水。④海拔。对山地而言，必须考虑海拔在选址中的重要作用。海拔1 300~1 400 m 的地域构成了一个自然形成的屏障，超过此海拔对农业灌溉和作物生长不利，黔东南几乎没有聚落高于此海拔。[20]

由于地貌的复杂性和建村初期生产力的限制，村落对地貌的依附性强，所以村落选址类型较多。村落选址影响了村落规模、空间形态、发展方向等方面，导致对火灾蔓延的影响有所差别。

2.3.2 空间布局

村落的空间布局意味着村落中可燃建构筑物的空间分布和组织模式，该空间如何聚集和如何被分隔，这影响了村落火灾蔓延的程度。因此，这里暂且不谈山地村落惯有的“山 - 水 - 林 - 田 - 村”的村域要素组成，而是深入村落内部，直接讨论村落的空间布局，这里主要从空间形态、空间结构、建筑排布方式方面进行探讨。

山地村落的空间形态主要受到地貌制约，一般顺着山形地势发展，主要有团状、带状、支状、多簇团状这四种类型。一般而言，位于山顶、山谷的村落形态为团状；位于山脊的村落形态为带状或支状；位于山腰的村落形态多为团状或带状，也有部分村落受到复杂地形凹进隆起的阻隔被分为多个部分，呈多簇团状；位于山麓的村落形态多为带状，少量为团状；位于河谷平坝（峡谷）的村落形态为带状（图2-16）。

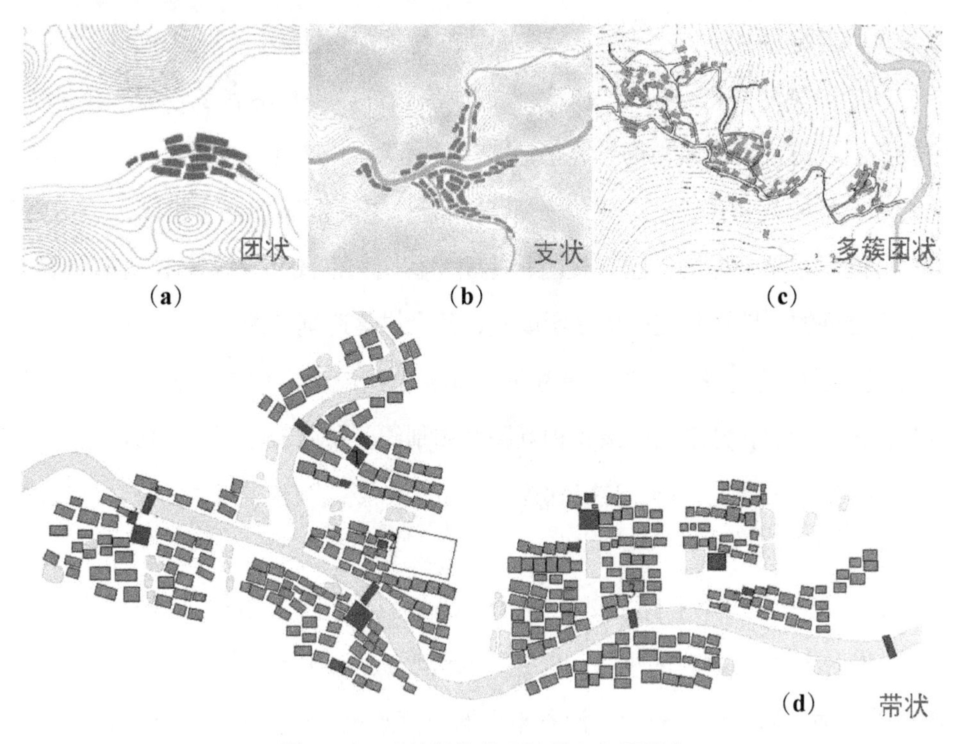

图2-16　山地村落的四种基本空间形态

但是村落的形态并不是一成不变的，它会沿着新修公路或河流线性发展，将原本的团状形态变为带状或支状形态，与此同时，村落的中心区也会因为住户迁出而密度减小。山腰的村落可能会沿着平行于等高线的方向线性发展，将原本的团状形态转变为线状形态。近年来，由于村民对美好居住环境的向往和对交通便利区域的趋近，逐渐有村民从村中心搬至村边缘区域，在彻底搬离情况下，当然能够释放村落内部的土地和空间，但是村民往往选择保留老宅占住土地而在村外另建新居，造成了村落的无序蔓延。总之，村落形态有逐渐向外围多分支延伸的趋势。

村落内部的空间结构根据村落有无空间中心大体上可分为单中心型、多中心型和无中心型。单中心型的村落以小型的侗族村落居多，也有一部分苗族村落。侗族村落的建设以血缘关系为纽带，通常每个房族要聚族而居，围绕鼓楼而建，由中心向外扩张形成网状结构，为一个“团”；而苗族村落通常以铜鼓坪或芦笙场为中心向外延伸。单中心型的村落向心性强，一般为团状[21]。

多中心型的村落一般为规模较大的侗族村落，当村落有多个房族，每个房族都围绕着各自的鼓楼而建，形成多个“团”，由此便形成了多中心型的空间结构。例如我国最大的侗寨——肇兴侗寨，先后发展为五个组团，根据民间奉行的五常来命名为仁团、义团、礼团、智团和信团[22]。随着村落的发展，团与团之间的空地被新建的房屋所填充，整个村落逐渐连为一片。

无中心型的村落主要是受地貌的影响，依山就势，形态不定，村落空间的整体组织性弱，建筑之间缺少相互关联和制约，布局疏密不定，形成一种不规则的、较松散的建筑群。这类村落一般位于山腰，以苗族村落为主，侗族村落较少。

建筑排布方式除了有上文提到的围绕核心空间而建的向心性排布外，总体上还有“沿线发展”的规律。“线”包括河流、山体等高线形成的自然边界和道路这种人为建设边界等。河谷平坝的村落建筑一般沿河流和主干道排布，整体上形成了行列式的组团；位于山腰和山麓的村落建筑一般平行于等高线排布，在竖向上逐级向上呈台地式发展。前后排建筑大体保持平行，但有时受到山形水势的影响会变得不规整。由此，建筑的朝向非常自由，随着线性边界的走势而变化，不拘一格。

2.3.3　可燃建构筑物

可燃建构筑物是村落火灾中的主要可燃物，它们的数量和分布决定了村落火灾发展的强度和速度。黔东南山地村落的可燃建构筑物主要包括住宅、附属建筑、公共建筑和生活杂物。

2.3.3.1　住宅

住宅是村落最主要的建成环境基底。由于村落可建设地块非常有限，村民的住宅就建设得非常紧凑，住宅为独栋建筑，通常一户一栋，没有庭院和围墙。建筑的排布方式一般为行列式排布，这样可以尽可能地容纳更多的住宅，除此之外，也有受山地地形限制的自由式排布。建筑之间的前后间距很窄，仅有三四米，有的甚至不满足后排建筑的采光需求；而建筑之间的横向间距更小，有的甚至直接邻接（图2-17）。近几年来，随着消防整改工作的推进和城镇化对村民生活的影响，村落中的住宅逐渐出现了木房改砖房的趋势，村民或主动或被动地将自家房屋改为不燃材料，目前大多数木构吊脚楼的一层都被砖墙所围合（图2-18），在材质上的确能够在一定程度上阻止火灾蔓延。

图2–17　建筑排布紧密

图2-18　建筑一层由砖墙围合

住宅的形态为独栋木构吊脚楼，双坡顶四面出檐，层层出挑，形成“上大下小”的形态；结构为穿斗式；材质方面，承重结构和围护结构都是以杉木为主材的全木结构，屋顶材质为不燃材料冷摊瓦[23]；建筑体量一般为三间两层，较大的可达五间三层（图2-19）。接地方式较为多样，有直接落地式、架空式、跌落式等[24]。一般侗族民居为干栏式建筑，底部全部架空；而苗族民居一般为“吊脚半边楼”，为了适应复杂的山地地形地貌，同时也为了顺应“接地脉龙神”的民族传统，往往前半边架起，后半边接地。

图2-19　木构吊脚楼的形态与材质

平面布局基本单元大同小异。平面布局是防火分隔的基本单元，也是最小的防火分区。构架独立性强，建造过程不用一钉一铆，通过较多榫卯拉结和柱枋穿插，历经百年而不易倒塌毁损。楼内组合空间上富于变化，没有机械的划分（图2-20），一般底层以生产活动为中心，用于圈养牲畜和家禽，堆放柴草、农具和贮存肥料等。空间低矮，进深一般不少于3 m。内部有的不加隔断，有的以板壁作为内部隔断。外墙处理多样，可用木条栅栏、芦苇等做围护，多通透开敞。中间为居住层，全家人活动的中心。侗族民居的居住层层高一般为2 ~ 2.4 m。堂屋位置居中，是全宅的中心，开间多在4 m 左右。顶层为阁楼，主要作为贮藏室，大户人家也用1 ~ 2间做客房或女儿的卧室（图2-21）。空间划分上，一般在柱子的位置上设隔断，相邻两柱的柱距为2 m 左右。小居室隔出一个柱距，大居室隔出两个柱距，居室面积为13.2 ~ 14 m^2[25]（图2-22）。

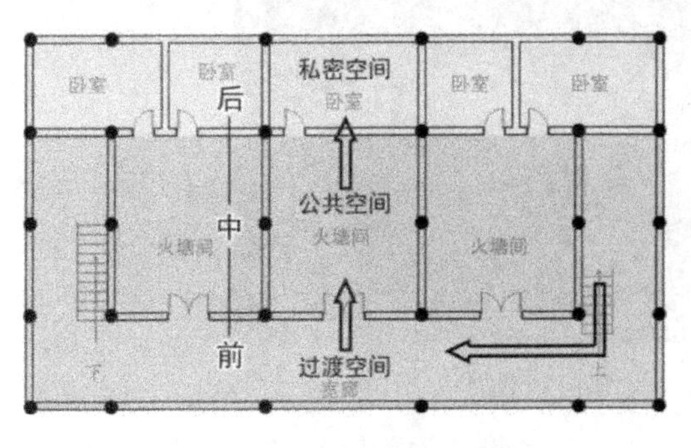

图2–20　侗族民居平面图

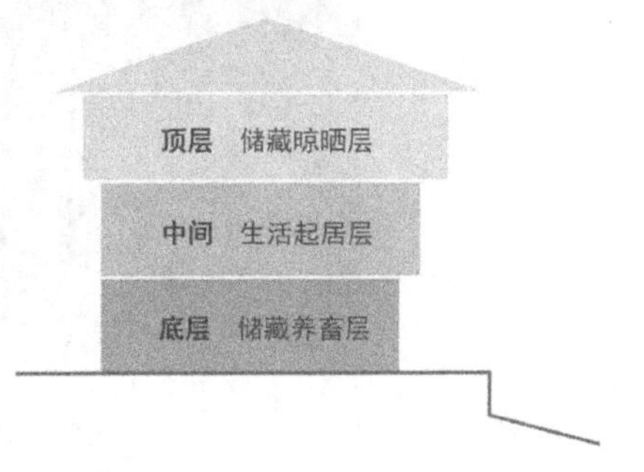

图2–21　侗族民居剖面示意图

图2–22　民居内部的空间组成示意图

住宅的外墙面为渗透率强的疏松多孔界面，墙面的木墙板由小木板拼合而成，经年日久后自然会出现很多缝隙（图2-23），而且木材本身也会变得疏松多孔、越发干燥。尤其是双坡屋顶两侧的山墙面，开敞度很高，有的直接透空处理（图2-24），原本是为增强建筑内部的通风效果，为内部储存的粮食物品提供更优的存放条件，但是客观上会增加火灾时火势的发展速度。住宅的门通常是木门，为可燃材料；窗虽为不燃材料，但是选用的是单层普通玻璃，抵挡温度应力变化的能力较弱，火灾时容易受热碎裂。

图2-23　木墙板的缝隙

图2-24　开敞的山墙面

住宅内部的建筑构件几乎全部为木质，内部家具和生活用品也多为可燃物，造成了住宅内部火灾荷载很大。而且由于建筑的楼板、内墙均为木材，无法形成有效的防火分隔，而且建筑内的洞口更会加速室内火灾的蔓延。

2.3.3.2　附属建筑

谷仓（也称“禾仓”）是村民存放自家粮食的场所，是住宅的附属构筑物，少数与住宅直接相连，而多数则独立于住宅之外。在村落中的分布方式大致有三种，其一是谷仓集中布置于村落边上，与住宅区截然分开，形成“谷仓群”，这是为保护谷仓免受村落火灾的侵袭而设计的，例如小黄村的谷仓群；其二是谷仓分组布置在村落组团中的一侧，相当于谷仓与住宅在组团中分区，建筑与谷仓的联系相对方便，例如巫溜村的谷仓群；其三是谷仓作为附属建筑直接建在住宅周边，散落于村落内部，这种最便于村民使用，但也最容易受到火灾的侵袭，并容易成为火灾蔓延的传播媒介，例如反排村零散的谷仓（表2-2）。另外，随着生活条件的改善和村民对生活空间的需求逐渐增多，村民通常会在住宅边上加建或者附近新建小型的附属建筑，如柴房、杂物房、牲畜棚等（图2-25）。这些建筑客观上增大了村落的建筑密度，缩小了建筑之间的间距，成为建筑之间火灾蔓延的中介。

表2-2　谷仓的三种布局方式

形式	谷仓的空间分布示意	实例图片
集中式	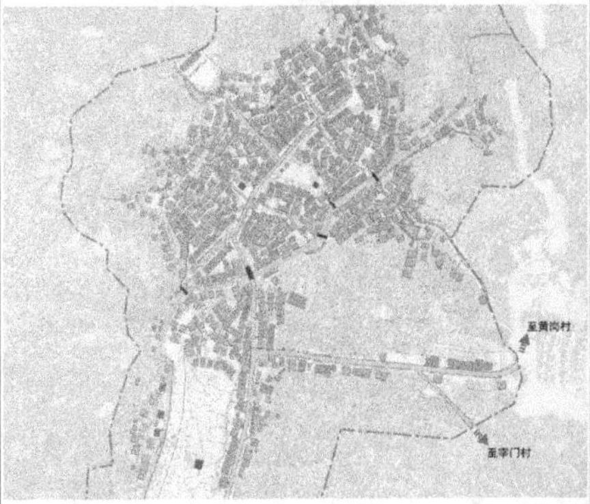	

表2-2（续）

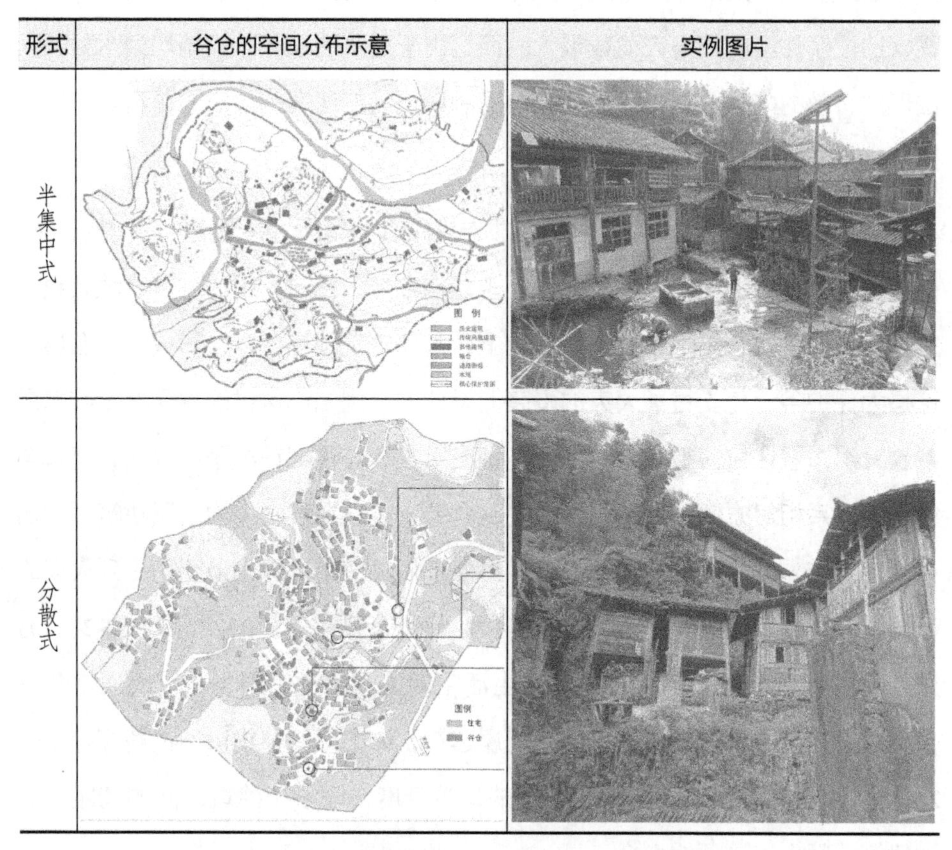

形式	谷仓的空间分布示意	实例图片
半集中式		
分散式		

图2-25　加建的附属建筑

可燃物的功能分区意在区分火源区域，因为住宅是首要的火源区域，其他可燃建构筑物基本上不存在火源，只可能成为火灾蔓延的传播媒介。

2.3.3.3　公共建筑

山地村落中的可燃性的公共建筑主要包括鼓楼、戏台、风雨桥等。其中，鼓楼是侗族村落进行议事、祭礼、庆典等重要活动的场所，是侗族村落中最核心的建筑。鼓楼通体为全木质材料，榫卯结构，运用杠杆原理，层层支撑而上，结构严密，密檐塔式或亭阁式形态[26]（图2-26）。一般坐落于村落底部的较平坦地面上，旁边附设一个较大的活动广场，被称为“鼓楼坪”。周边的住宅围绕鼓楼和鼓楼坪层层向外建设。侗族古歌中这样唱道：“未曾立寨先建楼，砌石为坛祭祖母，鼓楼心脏作枢纽，富贵兴旺有根由。”

戏台和鼓楼类似，一般为全木结构，亭阁式建筑，也坐落于村落中心较平坦宽阔的位置，便于组织村民进行观演活动（图2-27）。二者虽然有较大的火灾荷载，且处于村落的中心位置，有很大的火灾蔓延风险，但是它们附设的广场可以一定程度上阻隔其与周边住宅之间的火灾传播。

图2-26　鼓楼

图2-27　戏台

风雨桥，也称花桥，桥梁由巨大的石墩、木结构的桥身、长廊和亭阁组成，是一种集桥、廊、亭三者为一体的桥梁建筑，是侗族桥梁建筑艺术的结晶。桥身为全木结构，用杉木横穿架，孔眼相接，结构精密，不用铁钉连接（图2-28）。桥内两边设有长凳，供人休息，也是传歌对唱、吹笙弹琴、闲谈交流的场所（图2-29）。风雨桥设在村落的河流之上，其具体位置视河流与村落之间的环绕或穿插关系而定。对于跨河而建的村落而言，相当于风雨桥架设在村落的靠近中间位置，连接着河岸两侧的人们的通行。而风雨桥通常与道路两旁住宅的距离达不到安全防火间距，发生大型火灾时很可能成为连通要道。

图2-28　风雨桥

图2-29　风雨桥内部

2.3.3.4 生活杂物

要特别提到的是，除了以上提到的各类可燃建构筑物外，村落中还广泛存在着可燃性的生活杂物，例如木建材、木柴、茅草堆等，它们或置于住宅的墙根和外墙面（图2-30），或横放在路边（图2-31），或散落于村落的空地，它们的分散分布和易燃性为山地村落又加重了火灾风险。

图2-30 宅旁堆积的可燃杂物

图2-31 路边堆积的可燃杂物

2.3.4 隔火空间

从控制火灾蔓延的角度讲，村落中的空地都可以在一定程度上起到阻隔火势的作用，是一种广义上的公共空间，不仅包括传统的公共空间，还包括夹杂在村落中的农田和菜地等。山地传统村落的隔火空间主要有带状的交通空间、点状的广场空间、水塘、水池和片状的农田。

2.3.4.1 交通空间

村落中的交通空间，主要包括道路与河流。道路与河流是村落的骨架系统。路网结构一般由主路、支路、入户道路三级道路组成。主路往往垂直或斜交于等高线，以便将寨子最大限度地组织在路网之内。支路则以平行于等高线的方式连接住户。主路的宽度约3～4 m，作为穿村而过的过境公路，道路等级最高，灾时可作为消防通道和疏散空间。支路一般平行或斜切于等高线，宽度约2 m，连接主路与入户道路，分隔前后排之间的建筑；入户道路更窄小，布局非常自由。道路组织一般随形就势，结构形态较平原地区村落更为自由多变，主要呈现出网格式路网、树枝式路网和自由式路网三种路网形态。

网格式路网的街道纵横交错，常见于地势较平坦且规模较大的村落，只有垂直于山谷的纵深够大，才能形成比较规则均质的网格状路网。这样的村落较少受到地形地貌的干扰，建筑密度更高。这种路网宽度较宽，主干道和次干道基本可以起到阻隔火势的作用。被切分的每个组团的规模约30～50户（图2-32）。

树枝式路网是指道路层级相对较多，像树枝一样向下分岔，常见于多组团型的村落，建筑分布较为零散的村落，通常位于山腰，需要用更多路网去组织。主干道即“村村通”公路一般在村落一侧，对村落内部不起分隔作用，而低级路网太窄，并不能起到阻断火势的作用。这种路网对村落的联系性较强，分隔性较差，村落的组团格局仍然依靠山地地貌要素对村落的划分和阻隔。每个组团的规模变化较大，约15～40户（图2-33）。

自由式路网布局自由灵活，顺应山体走势，多数平行于等高线，少数斜切或垂直，比较偏向于“小街区，密路网”的概念，常见于在坡度较大的山腰或峡谷。主干道如果穿村而过，一般能够形成有效的防火隔离带，其他次级道路都难以形成（图2-34）。

河流一般位于山谷或峡谷，所以只会影响到山谷或峡谷的村落。河流与村落的空间关系主要呈现为穿越式、围边式、环绕式等（表2-3）。其中，穿越式和环绕式对村落空间分隔的程度更深，控制火灾蔓延的效果更理想。

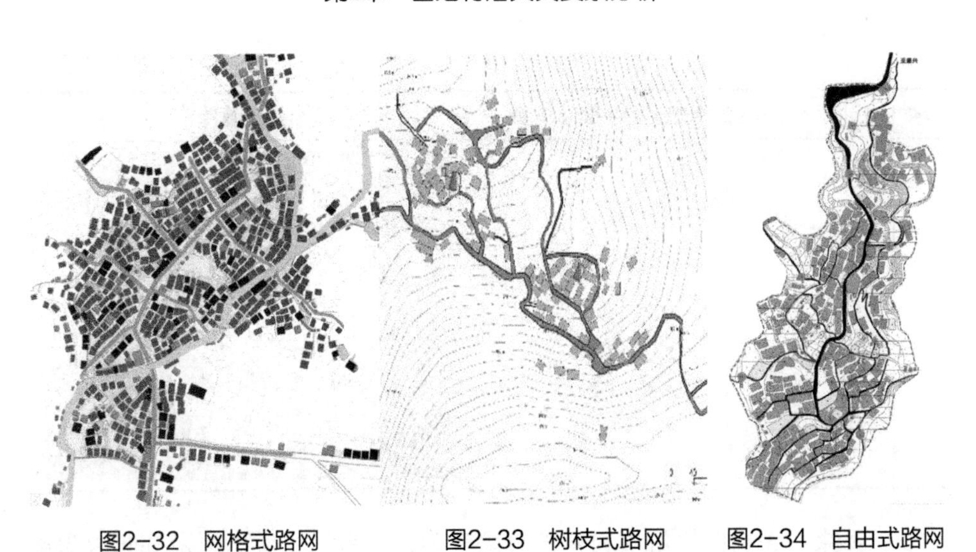

图2-32　网格式路网　　图2-33　树枝式路网　　图2-34　自由式路网

表2-3　河流与村落的三种空间关系

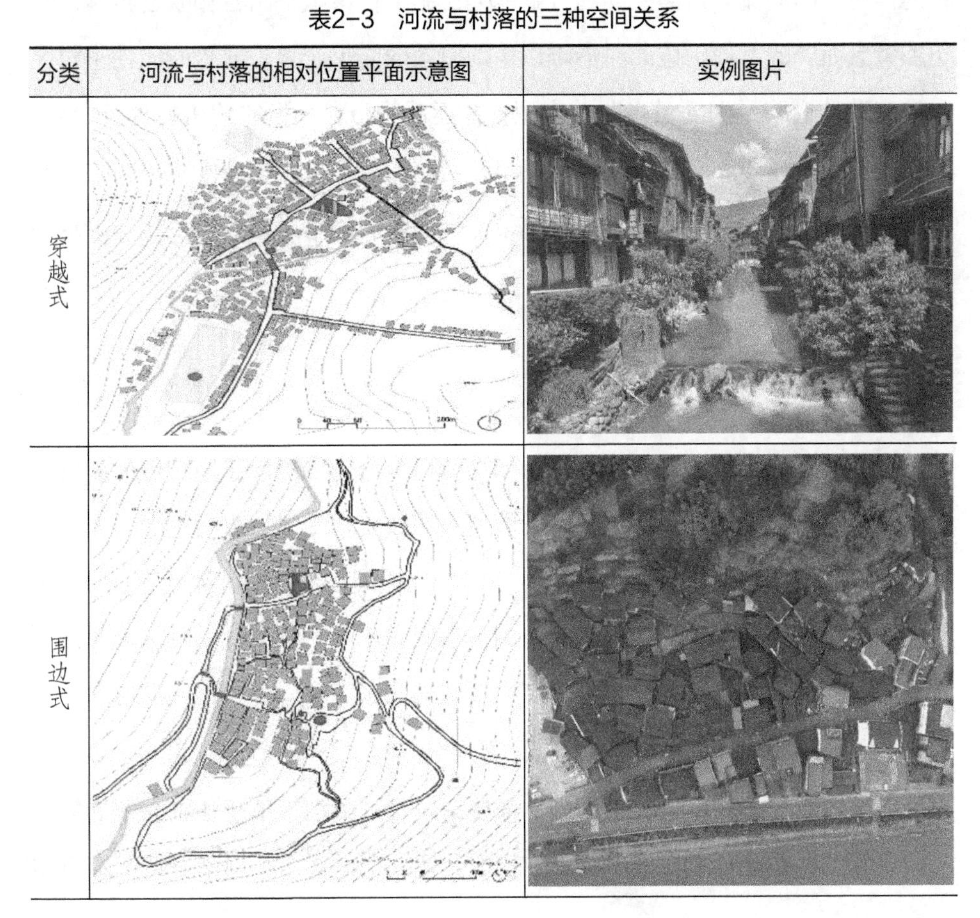

分类	河流与村落的相对位置平面示意图	实例图片
穿越式		
围边式		

表2-3（续）

分类	河流与村落的相对位置平面示意图	实例图片
环绕式	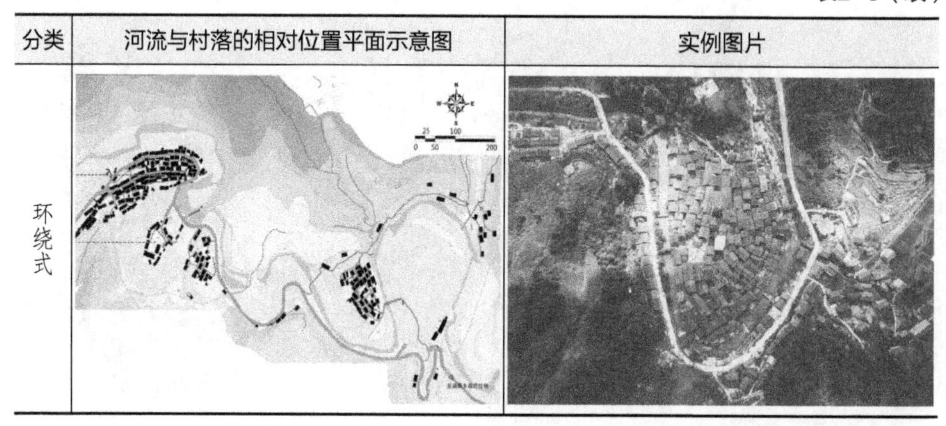	

总体来看，道路系统对村落的分隔有限，只有主干道可以发挥防火隔离带的作用。而河流对村落空间的分隔能力更强，但只限于山谷和峡谷村落，有更加量大面广的其他山位的村落难以得到有效的防火分隔。究其原因在于村民自发建造的道路是为满足当时的大型牲畜运载物资和小型农用机具通行之用，并未考虑通车需要。而且建造年份较早，当时的经济条件和技术水平有限，有些村落在建村初期也曾留有防火隔离带，但是随着村落人口的增多和建设量的增大，多数防火隔离带已被占用。

2.3.4.2　广场

广场是山地村落中典型的点状隔火空间，其规模较大，位置重要，具有较强的隔火能力。根据其建设的先后和功能可以分为传统自建型和现代配置型两类，传统自建型是指在建村初期就要建设的、全村重要的集会之地，如苗族村落有铜鼓坪和芦笙场（图2-35），侗族村落有鼓楼坪（图2-36）和戏台广场（图2-37）。而现代配置型是指农村设置“村两委”以后，由政府统一配置和建设的文体活动设施，如村委会旁的村民广场、篮球场（图2-38）、操场等。

传统自建型广场来源于苗族和侗族的传统习俗，黔东南号称“百节之乡”[27]，苗族和侗族对节日和聚会非常重视，需要有一个开阔地带举行各种大型的集会和娱乐活动，在建村之初就要留出它们的位置。通过对多个村落进行图解可知

图2-35　芦笙场

图2-36　鼓楼坪

图2-37　戏台广场

图2-38　篮球场

（图2-39），这种广场数量不多，一般为每村1~3个，数量与村落规模有关。一般位于村落的核心位置，最为平坦开阔的地方。数量再多之后位置就会逐渐远离中心区。而且侗族的鼓楼坪和戏台广场通常邻近主要道路。周边建筑环绕着广场而建设，形成一个个组团。也就是说，即使传统自建型广场对于村落隔火有一定效果，但是由于与道路的毗邻，隔火空间过于集中，使得二者可以发挥的隔火作用被打了折扣。

现代配置型广场由于在村落成型后建设，村落中心区域的建设量已饱和，故此类广场一般地处村落边缘，位于村口处或与村委会毗邻或合建。数量较少，一般每村1个，个体规模较大。由于处于村落边缘，对村落的分隔能力较差，但仍可作为灾时的疏散和救援场地。

图2-39 传统自建型和现代配置型广场的空间分布示意

2.3.4.3 水塘和水池

水塘和水池是村落中重要的消防水源，同时其自身又可充当村落的隔火空间。有河流流经或穿过的村落中，通常会形成很多水塘。水塘是村民的私有财产，平时用来养鱼养鸭或种水稻，灾时用作补充的消防水源，可以起到防火和就近灭火的作用，还可以作为建筑之间的隔火空间（图2-40）。水塘一般沿主街线性分布，或零散分布；同时，村中还会集中兴建至少一个大型消防水池，专门用作村落的主要消防水源，平时仅可用于一些清洗活动（图2-41）。水池通常设置在村落中心的平坦开阔地段。黄岗村水塘的空间分布见图2-42。

图2-40　村民自家水塘

图2-41　村落的公共消防水池

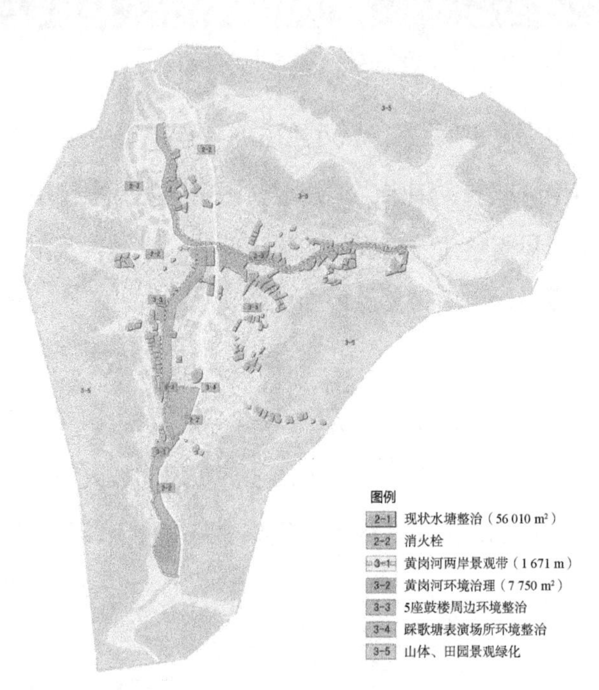

图2-42　黄岗村水塘的空间分布示意

2.3.4.4 农田

农田也是面积较大的隔火空间，一般位于村落外围，也有一些穿插于村落内部。因为只有后者能对村落起到分隔的作用，故本书只讨论后者的情况。这种情况多见于山谷、峡谷的村落，农田的位置多变，一般随着山形地势而定，广泛散布于村落之间（图2-43）。单块农田规模较大，客观上拉开了建筑群之间的间距，且以点状散布，能够有效隔绝周边建筑之间的火灾蔓延。

图2-43 村落中的农田

由此可见，水塘、广场都有靠近主路的特点，集中趋势明显，尤其是水塘往往沿路分布串联成线，加强了道路对村落空间的分隔作用，但是不如分成多条防火隔离带对村落整体的隔火能力强。而且，水塘和农田等自然隔火空间并不普遍，往往仅存在于山谷、峡谷型村落。

总体上，西南山地村落的火源多且隐蔽，难以防范；群山连绵的山地地貌使村落更分散，建设规模小而建筑密度大，其供水少和交通不便为消防扑救造成了巨大障碍；平均风速较小但最大风速会快速助长火势；村落内可燃建构筑物数量多，密集杂乱，火灾荷载大，且缺少防火分隔，共同构成了西南山地村落的高火灾风险。

第3章　山地村落火灾的时空分异

继上一章分析了影响火灾的多种自变量之后，本章将运用量化方法分析因变量火灾的分布特征及其主要影响要素。本章采用非参数检验、描述性统计和核密度分析方法，对比分析黔东南村落火灾的时空分异特征，及其与村落要素的相关性，筛选出影响黔东南村落火灾频率和火灾强度的关键要素，为揭示山地村落火灾灾变机理提供理论支撑。

本章使用的数据分为两部分：火灾数据和村落数据。火灾数据来自职能部门的官方统计数据，村落数据来源于 LocaSpace Viewer 软件、官方公布的类型村落名单和网络信息。从乡村火灾数据中剔除乡镇的火灾数据、重复统计的和信息不完整的统计数据，共得到1 210条样本数据。

对黔东南村落火灾的分布特征采用描述性统计和频数统计方法；对于火灾特征与村落要素的相关性分析，由于观测变量和控制变量的数据类型分别为定量数据和定类数据，且观测变量均不服从正态分布，不符合方差分析的前提条件，故采用非参数检验的方法[28]。根据要素的选项数据量选择多独立样本的非参数检验，它是通过分析多组独立样本，推断样本来自的总体的中位数或分布是否存在显著差异。常用的 Kruskal-Wallis 检验方法的表达式为：

$$H=\frac{12}{n(n+1)}\sum_{i=1}^{k}n_i\left(\overline{R_i}-\overline{R}\right)^2 \qquad (3\text{-}1)$$

式中，H 为 K-W 检验统计量；k 为样本组数；n 为样本总量；n_i 为第 i 组的样本量；$\overline{R_i}$ 为第 i 组的平均秩，$\overline{R}$ 为总平均秩。根据 H 值可计算概率 p 值，当 $p\leqslant 0.05$时，则认为多个独立样本来自的多个总体的分布存在显著差异，表明二者相关。

3.1 火灾的时空分布

3.1.1 火灾的时间分布

据不完全统计，黔东南农村在2011—2020年发生了1 210起火灾。对火灾数据和村落要素进行描述性统计和频数统计（图3-1），发现在起火月份上，以1月、2月、12月为最多，占样本总数的41.46%，5—9月火灾较少，可见冬季是火灾发生的高峰季节，这与村民冬季的取暖行为和欢度新年的节庆行为密切相关。在起火时段上，09：00－17：00时发生火灾较多，以17：00为最多，凌晨02：00－07：00时发生火灾较少，这与村民白天进行生产劳动、炊事活动，凌晨休息的作息规律相符。在起火场所上，83.02% 的火灾发生在住宅里，占据了绝对优势，这不仅因为住宅是山地村落的主要建筑类型，更因为村落中的火源和可燃物主要集中在住宅内；起火原因方面，60% 的火灾源于用电导致的火灾，包括过载、短路、接触不良、线路老化等情况；15.53% 的火灾由生活用火不慎所导致，二者为山地村落起火的两大主因。反映了村民的用能方式从用火为主逐渐转向用电为主，但在用电过程中产生了诸多不适应的问题。

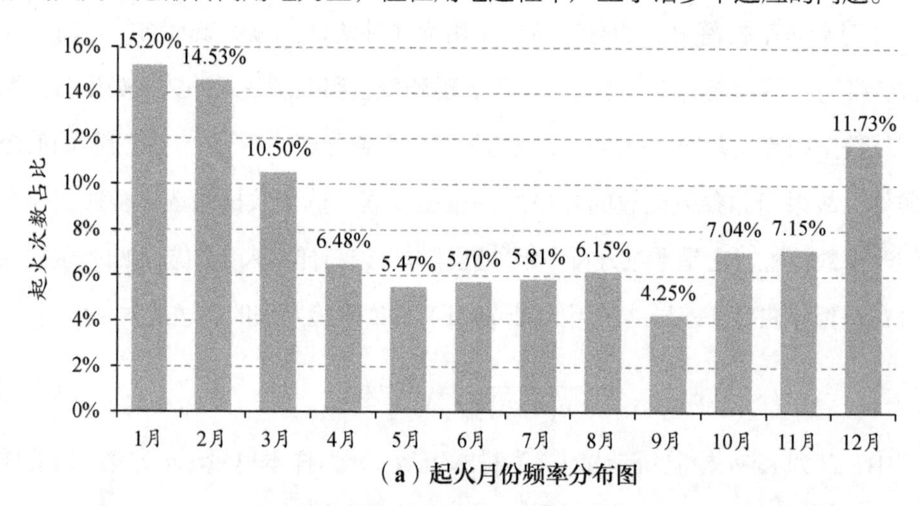

图3-1　2011—2020年黔东南村落火灾起火月份、起火时段、起火场所和起火原因频率分布示意图

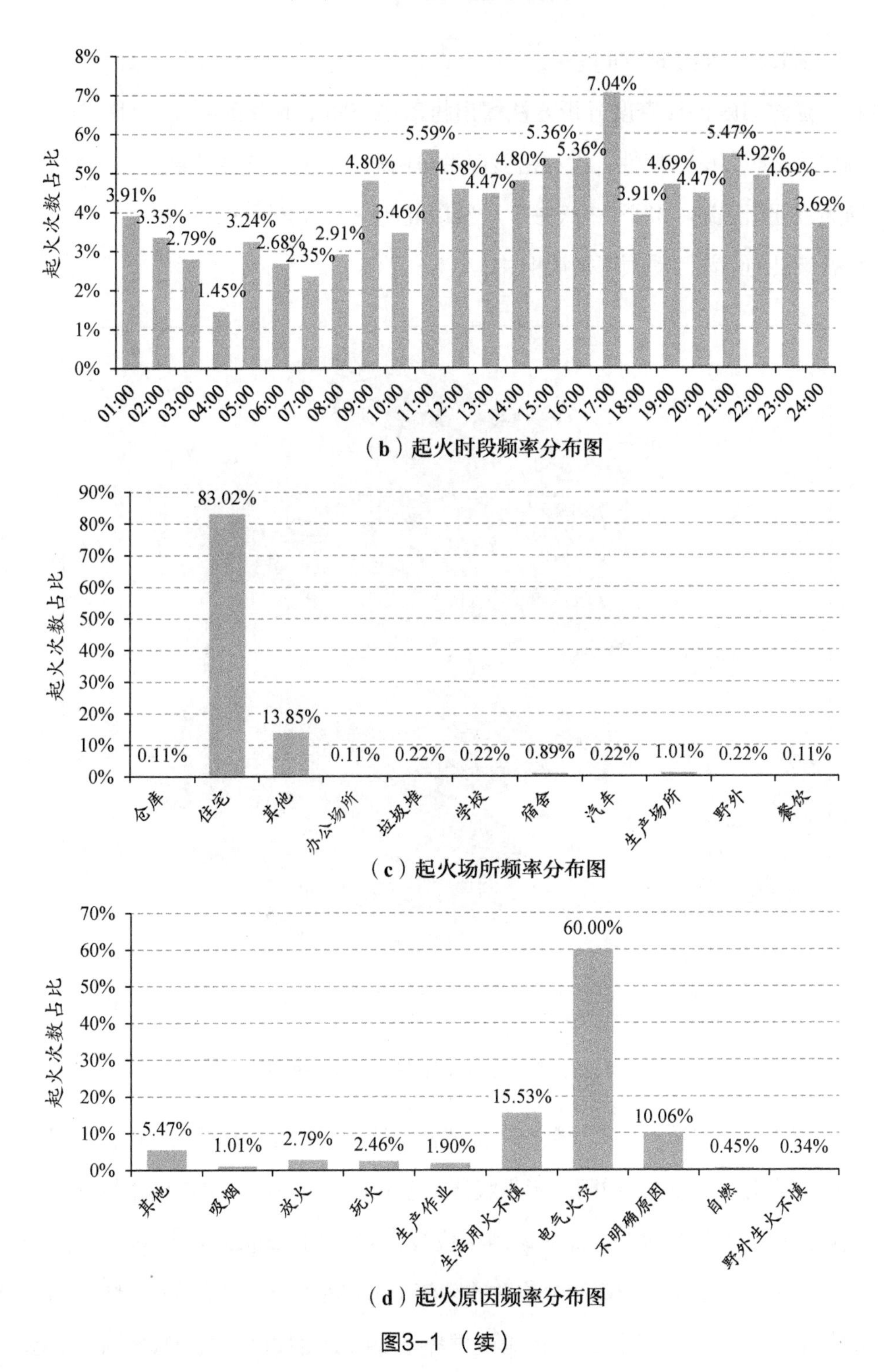

（b）起火时段频率分布图

（c）起火场所频率分布图

（d）起火原因频率分布图

图3-1（续）

3.1.2 火灾的空间分布

通过 GIS 的核密度分析方法得出村落在空间上的分布密度（图3-2），发现村落有明显的聚集性，火灾密度以黔东南的行政和经济中心凯里市为中心，向周围逐渐递减。“麻江—天柱”一线以北的一市八县地区为火灾高发区，这与各市县的经济活动频率密切相关。

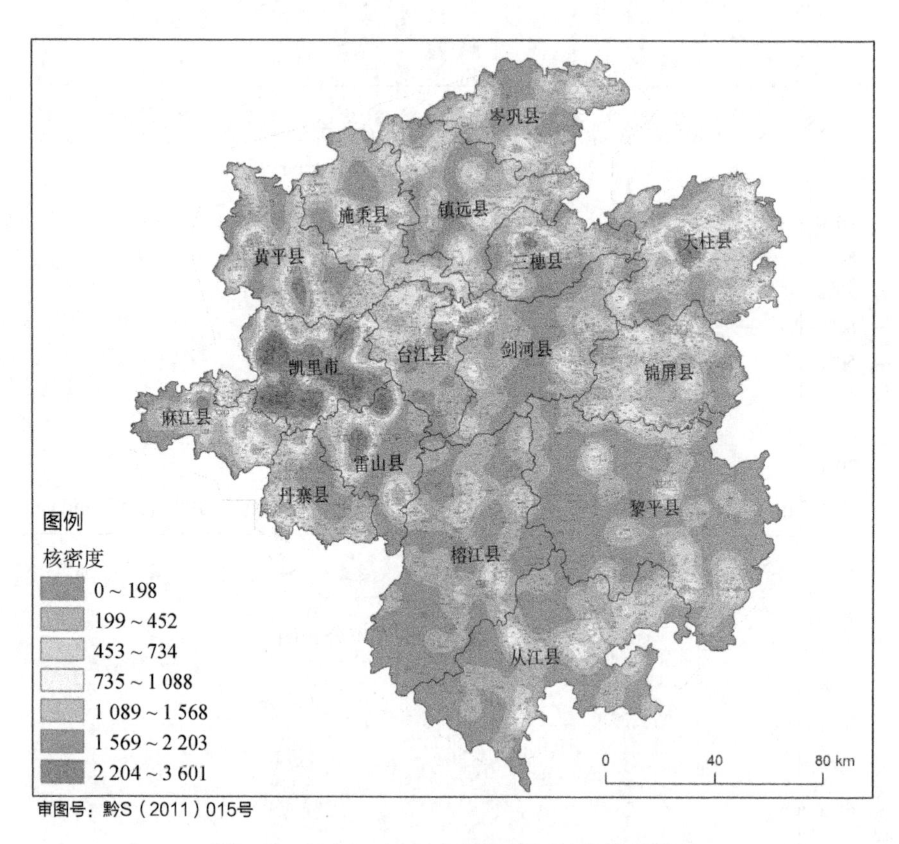

图3-2　2011—2020年黔东南村落的核密度图

对于受灾户数和火灾起数进行描述性统计和正态性检验（表3-1），发现二者的 p 值均小于0.05，说明二者不服从正态分布，故不能以平均值和标准差来描述数据的均值和分布，而应该用中位数和 IQR（interquartile range，即四分位距，是上四分位数与下四分位数的差值，描述数据的集中趋势）。结合二者的频率分布图来看（图3-3），两组数据都呈现出随着数值增加而频率减小的趋势。受灾户数的中位数为1，IQR 为2，说明数据较为集中，受灾户数不大于1户的占比为57.22%。火灾起数的中位数为1，IQR 为0，说明数据的集中度更高，火灾起数为1次的占比为78.42%。

表3-1　受灾户数和火灾起数的描述性统计和正态性检验

名称	平均值 ± 标准差	方差	下四分位数	中位数	上四分位数	IQR	峰度	偏度	Kolmogorov-Smirnov 检验	
									统计量D	p
受灾户数	4.316±13.945	194.474	1.000	1.000	3.000	2.000	244.226	13.503	0.459	0.000**
火灾起数	1.311±0.684	0.467	1.000	1.000	1.000	0.000	7.748	2.616	0.378	0.000**

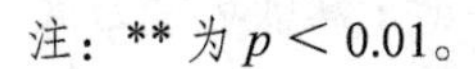

注：** 为 $p < 0.01$。

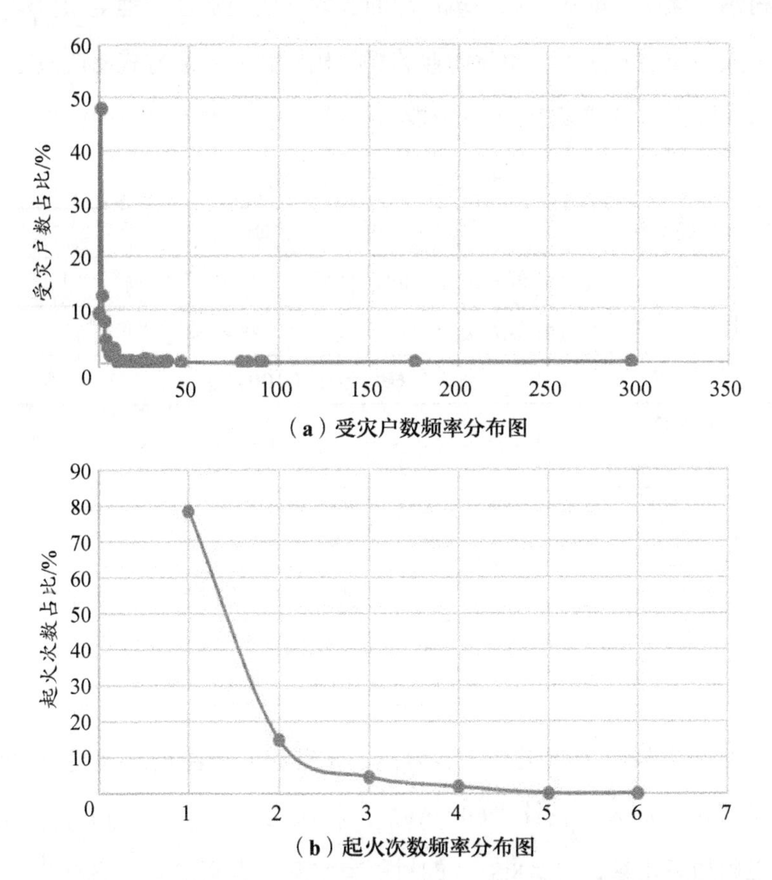

图3-3　2011—2020年黔东南村落火灾受灾户数和起火次数的频率分布图

3.2 村落属性特征分析

村落属性是衡量山地村落火灾的空间分布的重要组成，也是影响火灾损失的变量。黔东南村落火灾的分布特征主要涉及火灾属性和村落属性两方面。火灾属性指标来自筛选修正后的官方数据的指标，包括起火月份、起火时段、起火场所、起火原因、受灾户数和火灾起数；村落属性指标根据文献 [29] 和实地调研，结合山地村落的环境特征，主要从村落的自然环境、建成环境和人文属性三方面来衡量，其中自然环境方面为考察村落与山体的相对位置、村落的天然消防水源量和可达性选取了选址、水系和高程三个要素；建成环境方面为考察村落的集中程度和可燃建筑占比而选取木质建筑连片程度和村落形态两个要素；人文属性方面为考察旅游业的影响和村民的生活方式而选取主导产业和民族两个要素，形成涵盖7个二级指标的村落属性指标体系 (表3-2)。

表3-2　村落属性指标体系

<table>
<tr><th>一级指标</th><th>二级指标</th><th>说明</th></tr>
<tr><td rowspan="3">村落自然环境</td><td>选址</td><td>根据村落与山体的相对位置分为“山脚”“山腰”“山顶”“水边”</td></tr>
<tr><td>水系</td><td>根据村落周边是否有水系分为“村内有”“村旁有”和“无”</td></tr>
<tr><td>高程</td><td>根据村落的平均高程按等距（100 m）分组，分为 10 组</td></tr>
<tr><td rowspan="2">村落建成环境</td><td>木质建筑连片程度</td><td>根据村落内木质建筑集中连片程度分为“全”“局部”和“无”</td></tr>
<tr><td>村落形态</td><td>根据村落建筑构成的整体形态分为“团状”“线状”“支状”“散点状”和“其他”</td></tr>
<tr><td rowspan="2">村落人文属性</td><td>主导产业</td><td>根据主导产业是否为旅游业分为“旅游”和“非旅游”</td></tr>
<tr><td>民族</td><td>根据村中大部分村民所属民族分为“苗族”“侗族”“汉族”“仡佬族”“土家族”“布依族”“畲族”和“其他”</td></tr>
</table>

对起火村落属性要素进行频数分析，发现起火村落的总体特点表现为：村落选址以山脚居多，占比为60.56%，山腰次之，占比为25.14%。村落中约三分之二周边无水系，只有8.83% 的村落有水系，表明村落普遍缺乏直接用于消防扑救的天然水源。村落的高程在600 ~ 900 m 之间占比最多，共计50.61%。

村落的形态有近一半为团状，线状和支状都约为五分之一，表明村落的形态较为聚集，有较大的火灾蔓延风险。有16.76% 的村落为全部木质建筑集中连片，38.77% 的村落为局部木质建筑集中连片，反映了村落的木质建筑集中连片程度较高。村落中仅3.13% 主营旅游产业，与旅游村因外来因素多易发生火灾的常识相悖。村落在民族分布上，主要集中于苗族和侗族，分别占比为51.62%和34.30%，反映了起火可能与民族的生活方式相关（图3-4）。

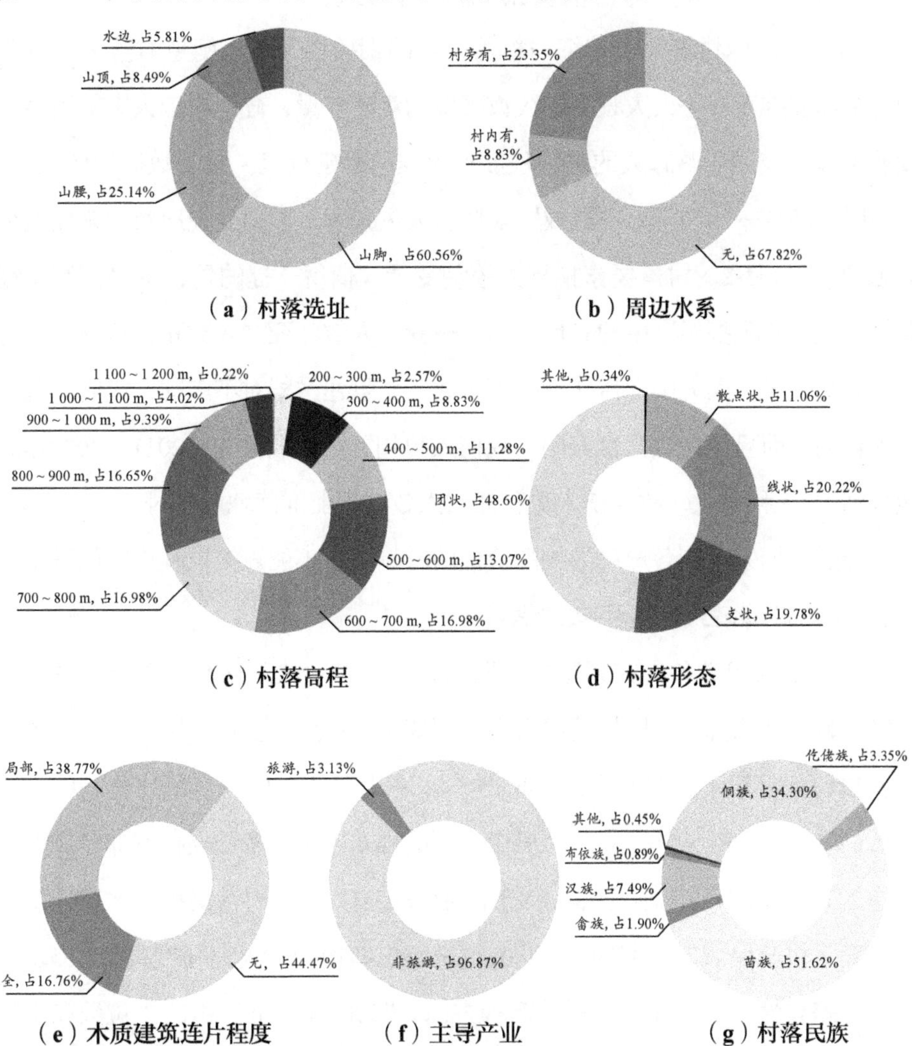

图3-4　2011—2020年黔东南村落的选址、水系、高程、形态、木质建筑连片程度、主导产业、民族分布

综合对比可见，黔东南村落火灾在起火时间和村落高程方面呈现中度的集聚性，各选项占比相对均衡，只是在区段间显现出了差异性；在起火空间、起火原因、火灾损失和村落属性的其他方面都呈现出高度的集聚性。

3.3 火灾与村落要素的相关性分析

3.3.1 火灾强度与村落要素的相关性分析

为考察山地村落火灾特征与村落因素的相关性，选取衡量村落火灾损失的两个重要维度——火灾频率和火灾强度为观测变量，分别对应火灾的发生和发展阶段，描述村落起火的难易程度和火灾的蔓延程度。鉴于数据量的限制，本书以“2011—2020年火灾起数”来衡量火灾频率，以“受灾户数”来衡量火灾强度，以表3-2的村落要素指标为控制变量。值得一提的是，本书摒弃了经典的“火灾四项指标”中的其他三项——受伤人数、死亡人数和直接财产损失作为观测变量，因为山地村落的建筑多为低层且建材相对不牢固，灾时的逃生较为容易，而且统计数据也表明，受伤人数和死亡人数极少，2011—2020年总数分别为7人和27人，故受伤人数和死亡人数并不能准确地反映村落火灾损失。而直接财产损失受到各户户内物品价值的影响，并不能直接反映火灾的蔓延程度，故本书对此三项指标不做讨论。

由于受灾户数和火灾起数均不服从正态分布，故采用非参数检验法。以受灾户数为观测变量，以村落要素为控制变量，使村落要素分别与受灾户数做非参数检验。对于只有两个选项的样本，采用两独立样本非参数检验法中的Mann-Whiney U 检验法；对于有多个选项的样本，采用多独立样本非参数检验法中的 Kruskal-Wallis 检验法。检验结果如表3-3所示，村落高程、木质建筑连片程度、村落民族的 p 值均小于0.05，说明这些指标对火灾强度具有0.05水平的显著差异性。具体而言，村落高程方面，“500 ~ 600 m”组的中位数和上四分位数最大，说明高程为“500 ~ 600 m”之间的村落比其他高程的村落更易发生火蔓延。在村落的木质建筑连片程度方面，三组中位数相同，全部为木质建筑连片的村落组的上四分位数远高于其他组，说明木质建筑连片程度高的村落更易引起火蔓延。在村落民族方面，畲族村落的中位数最大，侗族村落次之，但后者的上四分位数最大，表明畲族和侗族村落比其他民族村落更易发生火蔓延（图3-5）。

表3-3 受灾户数对火灾属性、村落要素的非参数检验

观测变量	控制变量	K-W 检验统计量 H 值	p
受灾户数	村落高程	22.605	0.007**
	村落选址	6.783	0.079
	周边水系	0.124	0.940
	村落形态	5.345	0.254
	木质建筑连片程度	8.530	0.014*
	主导产业	−1.282	0.020
	村落民族	44.172	0.000**
	起火月份	4.459	0.955
	起火时段	36.683	0.035*
	起火场所	49.209	0.000**
	起火原因	18.820	0.027*

注：* 为 $p < 0.05$，** 为 $p < 0.01$。

依照同样方法考察火灾属性与受灾户数的相关性。结果表明火灾属性中的起火时段、起火场所、起火原因对受灾户数具有0.05水平的显著差异性。具体来说，22：00到次日04：00的受灾户数中位数为2户，高于其他时段的中位数1户，说明人们的休息时段——深夜和凌晨比活动时段更容易造成火灾蔓延；发生在住宅、宿舍、餐饮场所的受灾户数中位数高于其他组，其中住宅组的上四分位数最大，而仓库、办公场所、垃圾堆、学校组的受灾户数均为0，说明在住宅这种人员密集、室内可燃物多的场所更易造成火灾蔓延。起火原因方面，吸烟导致火灾的受灾户数中位数最高，玩火组的中位数位居第二，但其上四分位数最高，说明吸烟和玩火引发的火灾更易造成蔓延（图3-5）。

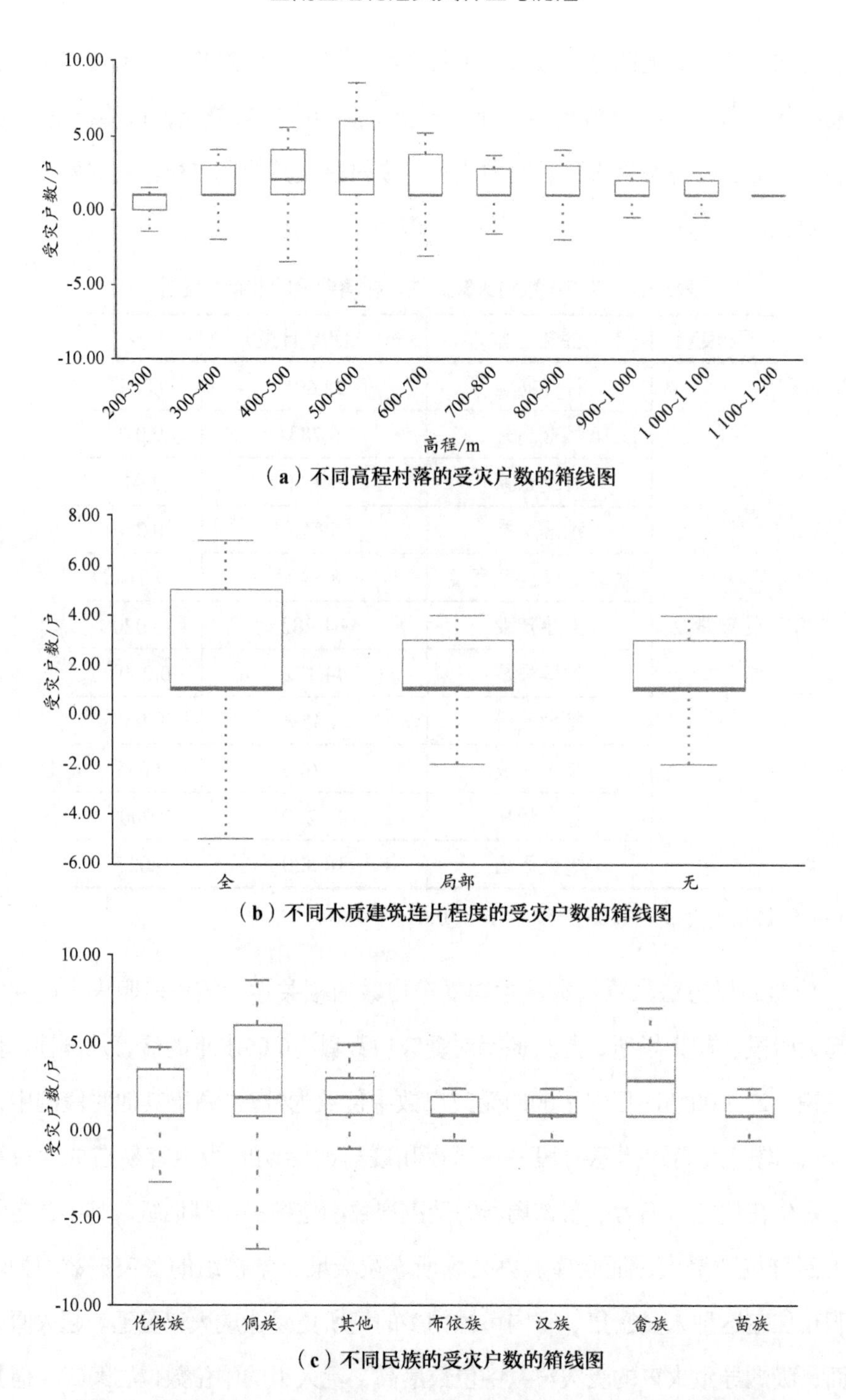

（a）不同高程村落的受灾户数的箱线图

（b）不同木质建筑连片程度的受灾户数的箱线图

（c）不同民族的受灾户数的箱线图

图3-5　不同高程、木质建筑连片程度、民族、起火时段、起火原因和起火场所的受灾户数的箱线图

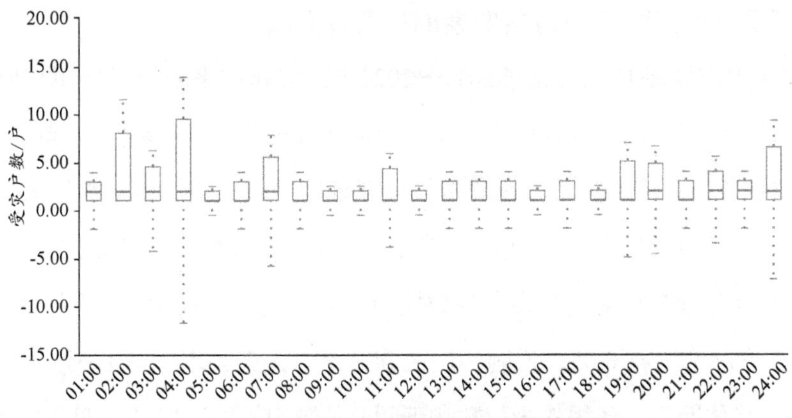

（d）不同起火时段的受灾户数的箱线图

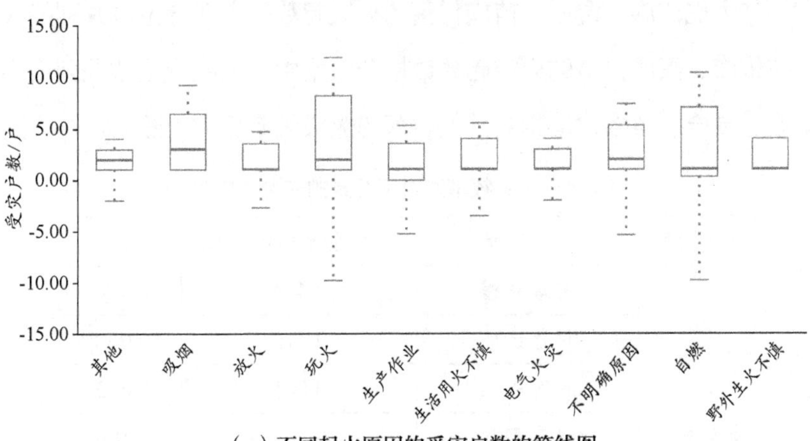

（e）不同起火原因的受灾户数的箱线图

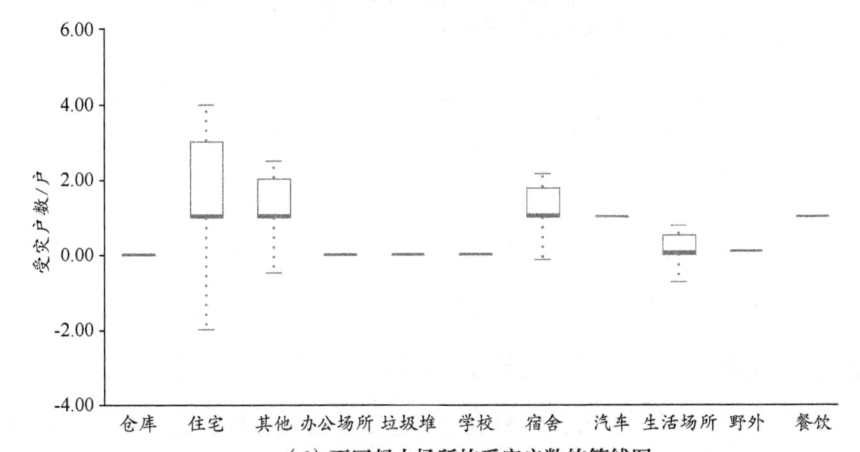

（f）不同起火场所的受灾户数的箱线图

图3-5（续）

3.3.2 火灾频率与村落要素的相关性分析

由于火灾频率是以村落的2011—2020年火灾起数来表征，所以控制变量只涉及村落要素，而且火灾频率与单次火灾属性无关，故须剔除十年内发生多次（次数≥2）火灾的村落的重复数据，保证发生过火灾的村落数据只出现一次，共得到1 027条样本数据。以火灾起数为观测变量，以村落要素为控制变量，使火灾起数分别与村落要素做非参数检验。结果显示（表3-4），只有村落民族这个指标的 p 值小于0.05，说明不同民族村落对火灾频率具有0.05水平的显著差异性。具体而言，各组的中位数和下四分位数均相同，但其上四分位数有较大差别。其中仡佬族、畲族、苗族村落的火灾起数的上四分位数并列最大，而侗族、布依族、汉族村落的火灾起数数据非常集中，上四分位数并列最小，可见仡佬族、畲族、苗族村落相对其他村落的火灾频率更大（图3-6）。

表3-4 火灾频率对村落要素的非参数检验

观测变量	控制变量	K-W 检验统计量 H 值	p
火灾起数	村落高程	8.484	0.486
	村落选址	7.110	0.068
	周边水系	0.855	0.652
	村落形态	7.202	0.126
	木质建筑连片程度	3.681	0.159
	主导产业	−0.077	0.939
	村落民族	13.648	0.034*

注：* 为 $p < 0.05$。

由上述分析得知，村落高程、木质建筑连片程度和村落民族对受灾户数有显著差异性，而只有村落民族对火灾起数表现出显著差异性，说明村落要素对受灾户数的影响较大，对火灾起数的影响较小。以上影响要素中，村落民族对黔东南村落火灾影响最大，既影响火灾起数又影响受灾户数，但影响的方式和结果不同。

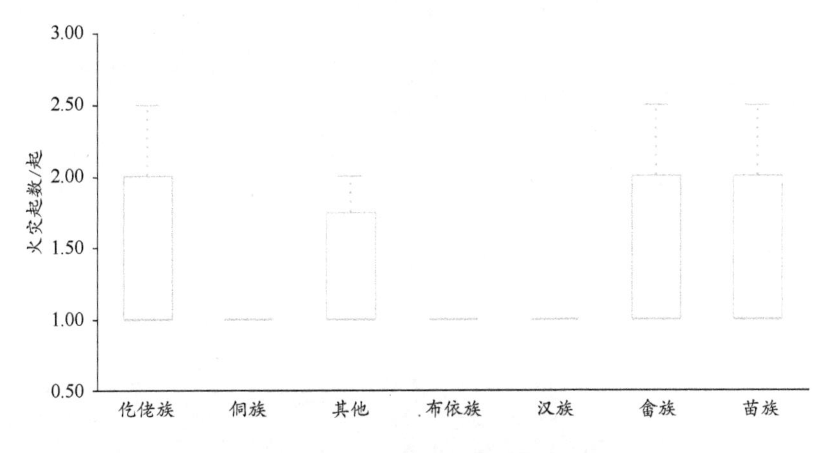

图3-6　不同民族的火灾起数的箱线图

对受灾户数并未表现出显著性差异的村落要素中，村落选址影响村落的灾时救援条件和救援效率，周边水系情况影响村落的消防用水储备，村落形态影响村落建筑的集中程度，主导产业影响村落的外来不确定因素，但这些因素对火灾蔓延的影响较为间接，因此未表现出显著性。

对于火灾起数的相关性要素，根据火灾三要素理论[30]，火环境、助燃物和点火源的叠加就会导致火灾，所以在助燃物客观存在的情况下，火灾起数的相关性要素不仅要从环境（村落的自然环境和建成环境要素）着手，还应该从点火源着手。本书检验的村落环境要素并未显示出对火灾起数的显著性差异，表明火灾起数在村落层面的共性有限，需要向更微观的层面探索；点火源主要来自人们的用火用电行为，而村落的民族恰恰能解释其中一部分的差异性，但仍存在其他影响因素。另外，由于多数火灾是未发生蔓延的小型火灾，一般发生在户内而未波及村落，则农户的用火用电行为和室内环境就对火灾起数至关重要，所以选取火灾起数影响要素的单位应考虑从村细化到户。

第4章　山地村落火灾的灾变解析

由火灾理论可知，山地村落火灾从起火到蔓延到被扑灭的整个发展过程中，各个阶段的影响因子和机理是不同的，但各阶段又有紧密的关联性，前面阶段被终止后面阶段就不会发生。因此不能一概而论，应该分阶段阐述。本章将按火灾发展的时间顺序分起火阶段、室内蔓延阶段、村落蔓延阶段和灭火阶段四个阶段去分别解析火灾发生发展的原因，并通过两个实际火灾案例以全景视角来分析各种因素在火灾全过程中的综合作用。

4.1　起火阶段：涉火行为与居住空间的耦合

由火灾的时空分布特征可知，83.02% 的村落火灾发生在住宅内部，如图3-1（c）所示，故本章以住宅内起火为例，分析山地村落火灾起火阶段的原因。

火灾三要素理论讲到，在可燃物、助燃剂、点火源同时存在时，即会发生火灾。而助燃剂在常态下是客观存在的，故只要可燃物与点火源相遇即会起火。从事故发生的角度，轨迹交叉论[31-32]认为事故源于不安全行为和不安全物态的发展轨迹在某一时空的交叉，此交叉点所在的时空即是事故发生的时间地点。不安全行为对应着点火源，不安全物态对应着建筑内的可燃物，二者形成了交互印证，从而指引我们从行为和物态角度去寻找火灾事故致因。转译到住宅起火的语境下，使用者的涉火行为带来了点火源，居住空间提供了不安全物态，即可燃物，可以认为涉火行为与居住空间的耦合，构成了传统木构民居火灾的直接原因（图4-1）。

为充分认识木构民居的涉火行为和居住空间，挖掘其火灾的致灾机理，收集网络上和文献中已披露火灾原因的西南山地村落火灾事故案例53例，并结合对黔东南山地村落的实地调研，统计涉火行为、居住空间的类型与数量分布，并分析二者之间的耦合关系。

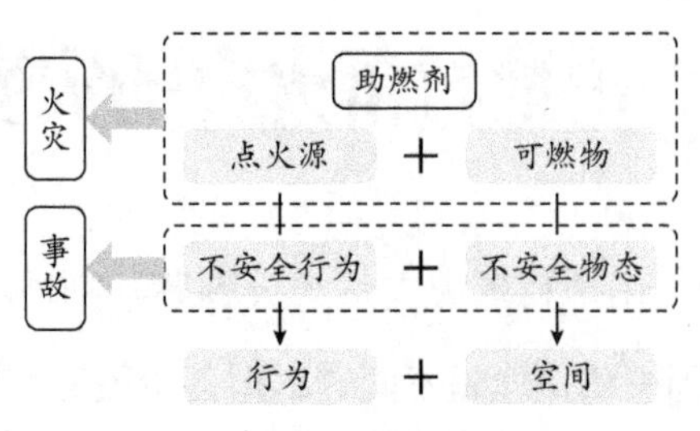

图4-1　行为－空间耦合理论

4.1.1　涉火行为的特征及根源

涉火行为虽然多样，但是大体可归类为以下四种：①以明火烹饪、取暖、熏腊肉为主的日常行为；②以节庆和祭祀期间烧香和燃放烟花爆竹为主的节庆行为；③以乱扔烟头、卧床吸烟和玩火为主的不良习惯；④以使用劣质用电器和插线板、私拉乱接电线为主的违规操作。

从村落火灾涉火行为统计表（表4-1）中可见，以违规操作导致的电气火灾最为常见，占比58.50%。不良习惯占火灾致灾原因的13.30%，日常行为和节庆行为的致灾比例分别为18.80%和9.50%。违规行为使整栋住宅的电力系统变得脆弱，为居住空间埋下了延时性火源的隐患。用电时一旦出现过载、短路、线路故障时，电线或插座就会变为火源引发火灾。此火源隐蔽性强，位置不确定，对空间的损害难以预估，所以更难防范。不良习惯为空间引入了移动式火源，虽频率不高，但影响的空间不确定。且行为人在此情境中基本处于意识不清的状态，一旦发生火灾难以及时逃生，易造成“小火亡人”的严重后果。日常行为和节庆行为为居住空间带来了固定式火源，因此也对应了一系列确定的空间。二者属于村民正常的生活需求，无可厚非，但日常行为的致灾比例相对较高，应引起重视。

表4-1　村落涉火行为统计表

行为类别	发生频率	具体涉火行为	发生频率
日常行为	18.80%	烹饪	3.80%
		取暖	7.50%
		熏腊肉	7.50%
节庆行为	9.50%	敬神祭祖	3.80%
		祭祀仪式	1.90%
		燃放烟花爆竹	3.80%
不良习惯	13.30%	卧床/沙发吸烟	3.80%
		醉酒吸烟	1.90%
		乱扔烟头	3.80%
		玩火	3.80%
违规操作	58.50%	私拉乱接电线	22.60%
		线路老化	20.80%
		随意替换保险丝	3.80%
		使用劣质用电器或插线板	11.30%

所有涉火行为的背后隐藏着一定的需求或者认知的偏差，探明这些涉火行为的根源有助于从根本上引导和改变行为，避免火灾的发生。显而易见，日常行为和节庆行为是村民的正常生活需求，不应取消和改变，应予以顺应；而不良习惯和违规操作则造成了不规范地用火用电，可以禁止也应该禁止。不良习惯一般源自村民的防火意识淡薄、疏忽大意和侥幸心理，其中的玩火行为主要在于缺少家人的有效管束和引导。前三者主要造成的都是明火火灾，而违规操作造成的都是电气火灾，如第3章所述，电气火灾已经超过了明火火灾成为村落火灾中的第一杀手。电气对于村落来说属于较为新鲜的事物，村民对其缺少深入了解，并未做好与其长期相处的知识准备，在各种违规操作中引发了大量的火灾。违规操作的原因在于：①村民缺少用电常识和维修技能；②村民动手能力强，倾向于以自助的方式解决用电问题（图4-2）；③出于节俭和贪图便宜的心理购买劣质用电器或插线板；④村落电网本身脆弱不堪，承受不住快速增

加的用电负荷，并且电路老化、易出故障。这反映了西南村落从明火为主到用电为主的用能方式转变过程中未做好电网基础建设、村民消防意识和知识上的准备。违规操作和不良习惯皆为偶发性行为，但危害性大，且难以防范。

图4-2　正在自编电线的老人

4.1.2　居住空间的类型及特征

发生火灾的居住空间可归纳为确定空间和不确定空间两大类，确定空间是与火源相对应的厨房、堂屋、火塘间、卧室和宅旁，其中厨房、堂屋、火塘间存在固定式火源，而卧室和宅旁明确对应引发火灾的行为，卧室是卧床吸烟的受灾区域，宅旁是乱扔烟头、燃放烟花爆竹的受灾区域。不确定空间是由火源位置的随机性导致的多样化的被引燃空间的统称，包括卧室、堂屋等房间和墙面、天花板、地板等建筑构件。例如由于私拉乱接电线造成日后室内某处电线突然跳火，引发全屋的火灾，无法确定起火位置。

根据村落火灾发生空间的统计表（表4-2），确定空间占比较少，为37.70%，其中内部的各类空间占比也相对均衡，可根据空间对应的行为特点予以针对性预防和改进。不确定空间难以确定位置，所以无法有针对性地采取预防措施，但其却占据火灾事故的绝对主导，为62.30%，必须对引发火灾的行为本身采取相应措施。

表4-2　起火居住空间统计表

空间类别	发生频率	居住空间	发生频率
确定空间	37.70%	厨房	7.60%
		堂屋	11.30%
		火塘间	7.50%
		卧室	3.80%
		宅旁	7.50%
不确定空间	62.30%	不确定空间	62.30%

4.1.3　“行为 - 空间”耦合规律

居住空间是承载涉火行为的场所，二者必然发生频繁的交集。涉火行为多发，加之空间中可燃物多，火灾荷载大，必然会存在某种相遇的可能性。通过对火灾案例起因要素的拆解（表4-3），发现涉火行为和居住空间存在着一定的对应关系，即某些涉火行为只会在某些居住空间发生。除了违规操作没有对应确定的空间外，日常行为、节庆行为和不良习惯（除了玩火）都对应着确定的空间。

表4-3　传统木构民居火灾致因及统计

行为类别	涉火行为	居住空间	空间类别	发生频率	图片
日常行为（18.80%）	烹饪	厨房	确定空间（37.70%）	3.80%	 1a
	取暖	堂屋、火塘间		7.50%	 1b
	熏腊肉	厨房、火塘间		7.50%	

表4-3（续）

行为类别	涉火行为	居住空间	空间类别	发生频率	图片
节庆行为（9.50%）	敬神祭祖	堂屋	确定空间（37.70%）	3.80%	
	祭祀仪式	卧室		1.90%	
	燃放烟花爆竹	宅旁		3.80%	
不良习惯（13.30%）	卧床/沙发吸烟	卧室、堂屋		3.80%	
	醉酒吸烟	卧室		1.90%	
	乱扔烟头	宅旁		3.80%	
	玩火	不确定空间	不确定空间（62.30%）	3.80%	
违规操作（58.50%）	私拉乱接电线	墙面、天花板、檐下、其他不确定空间过载、短路等原因		22.60%	
	线路老化			20.80%	
	用铜丝、铁丝代替保险丝			3.80%	
	使用劣质用电器、插线板	墙面、桌面、地面、其他不确定空间		11.30%	

据此，也发现了引发火灾的三类行为和空间的耦合方式。第一类是高频涉火行为与弱空间的耦合。日常行为和节庆行为由于用火频繁，便在空间中固定下了火源，使对应的空间——厨房、火塘间、堂屋的壁龛成为用火房间，而此空间本身由木构件围合，内部可燃物较多，而且火源与可燃物的隔离不足，稍有不慎或看管不及时就易发生火灾。

第二类是不良习惯为空间带来移动式火源。卧床吸烟、醉酒吸烟的人带来燃烧着的烟头，长时间作用于某处，危害力极强，对应着堂屋、卧室等确定空间。即使空间中可燃物较少都难以幸免，何况这类空间内的可燃物很多，而且暴露度高，易被引燃且会迅速蔓延。而且这类火灾中人通常处于昏睡状态，一旦起火很难及时逃生。

第三类是违规操作激发了室内电网的系统性风险。私拉乱接电线、随意更换保险丝、使用劣质用电器等违规操作为电网系统埋下了隐患，在日后某次电路过载或故障时会突发电火花，形成了一种延时火源。无法对应任何特定空间，也无法判断未来火源的位置。而室内的电线均敷设在木质墙壁和天花板上，用电器和插线板也置于木质家具上，电线电器与木构件紧密相连，形成了系统性风险。一旦被电火花激发，且处置不及时的话极易造成较大规模的火灾（表4-4）。

表4-4　三类行为和空间的耦合方式

大类	明火火灾		电气火灾
类别	第一类	第二类	第三类
耦合规律	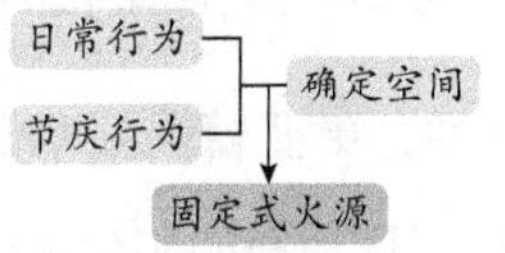 日常行为、节庆行为—确定空间→固定式火源	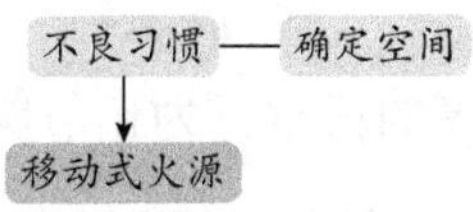 不良习惯—确定空间；不良习惯→移动式火源	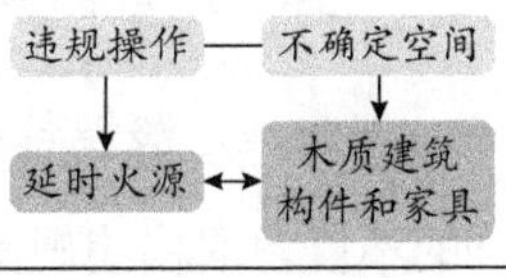 违规操作—不确定空间；违规操作→延时火源；不确定空间→木质建筑构件和家具；延时火源↔木质建筑构件和家具
主导要素	空间	行为	空间和行为
应对策略	优化带有固定式火源的空间	约束不良习惯行为	解除二者的耦合，并禁止违规操作

根据以上耦合方式可将西南传统木构民居的火灾分为三类，剖析各类火灾的关键致灾要素有助于从根本上有效降低火灾频率。第一类为空间主导型，主要问题在于用火空间的脆弱性，应着重加强空间中可燃物与火源的隔离，做好对火源的封装和控制；第二类是行为主导型，主要问题在于行为的危险性，应通过教育和管理等手段约束此类行为，还要注意对相应空间——卧室、堂屋中可燃物的控制；第三类是“行为 - 空间”紧密耦合型，与行为和空间都密切相关。一方面要致力于禁止违规操作行为的发生，另一方面要设法解除行为与空间的紧致耦合。

除了第一类火灾中明显的用火房间外，第二类和第三类火灾涉及的空间除了火灾案例中提及的还有多种形式，需要予以识别并改造。根据上述火灾理论，可将含有可燃物量多的或可燃物与火源易接触的空间认定为孕灾空间。在传统木构民居中，孕灾空间包含可燃物量多的卧室、杂物间、楼梯间（图4-3）和与火源耦合度高的承托电气线路或插座的木墙板、木质天花板、靠近烟囱的墙面等（图4-4）。

图4-3　可燃物多的孕灾空间

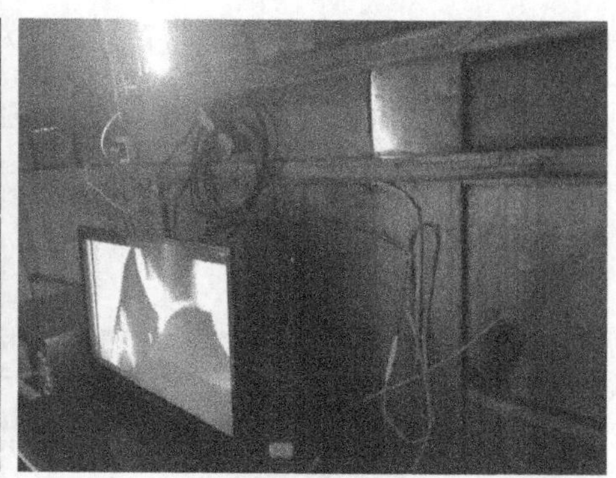

图4-4　可燃物与火源耦合度高的孕灾空间

因此，要警惕频率高的日常行为和节庆行为，更要警惕频率低但破坏性强的不良习惯和违规操作。不良习惯和违规操作、用火房间和孕灾空间，是西南地区传统木构民居火灾防控的重点。

4.2　室内蔓延阶段：火荷载大且无有效分隔

室内火灾蔓延阶段是火灾在限定空间中的发展过程，主要受到火灾荷载、火源位置、可燃物分布、通风效率和建筑空间布局的影响。由于火源位置具有偶然性，故在此不做讨论。又考虑到室内火灾蔓延过程中同时存在人员疏散逃生问题，本节将从室内空间格局、通风效率、可燃物的数量与分布、人员疏散这几方面展开讨论。

4.2.1　室内可燃物量多且暴露度高

住宅内部的承重结构为木结构，住宅内部的家具和生活用品绝大部分皆为可燃物，很多家庭会存放自酿的米酒，少数家庭甚至会存放农机具使用的燃料——柴油，这些都无疑大大增加了建筑的火灾荷载，就像一个架空的炉膛，被火焰延烧到或者被热辐射达到自身着火点后会产生更多的热量，延续火灾的发展。如此多的可燃物在起火点附近就像不断将柴扔进火炉，会保证火灾的持续燃烧甚至越发旺盛。

另一方面，这些可燃物暴露度相当高。住宅内不仅有专门的储藏间，还有阁楼空间也作储藏之用，而且几乎每个房间都会有一定的空间来储存杂物。通过调研发现，西南山地村落的住宅内部普遍缺少收纳空间，也较少使用置物柜，家里的生活用品普遍散乱地分布在房间各处（图4-5），连衣物也只是用衣架挂成一排（图4-6）。这些可燃物毫无包裹和封装的情况下直接敞开，增大了与火焰的接触机会和接触面积，加快了可燃物的燃烧速度，也几乎打通了火灾在室内的蔓延通路。

图4-5　生活用品散乱堆放

图4-6　衣物挂成一排并未收纳

4.2.2　室内空间组织无防火分隔

然而，这样快速发展的火势却并没有受到空间的束缚和阻隔。住宅内部的建筑构件——内墙、内门、楼板等皆为木质（图4-7），甚至楼梯也是木质楼梯。而且这些构件的截面尺寸较小，很容易被烧穿。火势完全可以通过烧穿隔墙进行横向蔓延，通过烧穿楼板和直接通过楼梯的洞口进行竖向蔓延。

在烟囱效应的影响下，每层楼板的楼梯洞口成为火灾竖向蔓延的主要通道，火灾通过楼梯口蔓延主要有以下三种方式。

（1）热气流。当房间内的火灾剧烈燃烧时，会产生大量的热气流，气体压力急剧增大，其中的炽热气流会通过楼梯口向上快速流动，使楼梯和楼梯口附近的可燃物温度迅速升高，直至达到其着火点，导致燃烧。

（2）火焰接触。下层房间的火焰可以顺着木楼梯延烧至上层，将下层的火引到上层；还可通过火焰直接接触和自身散发的热辐射经楼梯开口引燃上层的可燃物。

（3）飞火。火场的带火飞屑被热气流裹挟，通过楼梯口进入上层房间，落在可燃物表面致使火灾蔓延。通常情况下，火灾通过楼梯口蔓延是三种机制的综合作用。也有的住宅将一二层局部打通形成通高的堂屋空间，更加利于火灾的竖向传播。

建筑内的防火分隔“隔而不断”，并不能起到防止火灾蔓延的作用。如一些住宅室内的砖混隔墙只砌到梁底，并未砌至天花板，天花板下部空间依然连通（图4-8），一旦失火，火势极易在此空间内蔓延开来。在“3·26”黔东南锦屏县亡人火灾事故中，起火建筑虽然是砖混结构房屋，但是使用了木板和木梁做吊顶，而且各房间吊顶内部空间是连通的（图4-9），更雪上加霜的是吊顶空间的侧板还有对外的通风孔，加剧了可燃物的燃烧速度。在火灾时热烟气和热气流通过连通的吊顶空间迅速流窜到其他房间（图4-10），导致整层建筑起火。

图4-7　室内的木建筑构件

图4-8　天花板连通

烧毁前带缝隙的木板吊顶

烧毁后暴露出连通的吊顶空间

图4-9　木板吊顶和吊顶内的连通空间

图4-10　火灾通过吊顶空间蔓延

4.2.3　可渗透界面形成良好的通风环境

住宅建筑的外围护结构是非常疏松、开敞、渗透率高的界面。木墙板本身很薄，经过经年累月的风化作用后，不仅含水率更低，而且木板间形成了较多缝隙。建筑的山墙面更加开敞，只有木结构裸露，一般不加墙板围合。外窗通常为单层窗，抗火能力不足，而且气密性差。整体上为建筑内部创造了非常通风的环境，同时也增加了室内的氧气量，会让火灾发展得更快速且猛烈。

4.2.4　疏散空间和人员素质影响逃生

受灾人员疏散的问题在木构住宅中往往不需要考虑，但是在砖混建筑尤其是体量较大的经营性建筑中需要着重考虑。因为山地村落的木构住宅一般体量较小，层数少，围护结构为木质，容易破坏，对人员逃生并不构成威胁；但是砖混结构的经营性建筑，首先，围护结构坚硬，不易被破坏，很难通过非专业工具的破拆而逃生；其次，建筑体量大，内部人员多，可燃物多，疏散通道相对来说不足，灾时容易造成疏散通道拥堵。

根据对“小火亡人”火灾案例的分析与归纳，发现这种火灾的发生地点一般在砖混结构的建筑中，发生时间多为夜间，人们熟睡的时段。火灾中是否亡人与建筑的疏散空间是否充足且人员的状态和逃生能力有关。

建筑中的疏散空间包括疏散通道和疏散口，砖混结构的经营性建筑，尤其是旅游型村落的餐厅和民宿，有些为节省空间，内部只有一部疏散楼梯，远远达不到疏散要求。而且这些疏散通道上往往堆积着杂物，妨碍了疏散通道的通行。疏散口一般包括门和窗，现实中有些逃生门被锁闭，或被货物堵塞；有些窗外部加了防盗网或做成固定式防盗窗，无法打开，导致内部人员求生无门。而且火灾中产生的浓烟会大大降低空间的可见度，影响人的逃生速度，而且整个疏散空间一般没有防排烟设计和相关设备。

人员的状态这里指的是受灾人员的意识状态和身体状态。人在意识不清醒时，如熟睡中，人根本无法做出及时的反应和行动，即使发现火灾可能也已经吸入过多有毒的烟气，导致行动不久就会窒息，所以这种情况下极难逃生。人在身体状况不佳时，如生病、受伤，还有一些特定人群，如老人、儿童、病患等，其行动能力有限，在火灾中也难以及时逃生。人的逃生能力也是决定能否成功逃生的一大影响因素。如果受灾人员及时发现火灾，但不具备逃生知识和应对初期火灾的能力，也难以逃生。同样在“3·26”黔东南锦屏县火灾事故中，在读小学的11岁女孩第一个发现火灾，本想去卫生间打湿毛巾捂住口鼻逃生，但是忽略了要关门，导致火灾烟气大量侵入卫生间，她很快就因为吸入过多有毒烟气而昏迷，而后中毒而亡（图4-11）。

图4-11　火灾中忘记关门而逃生无效

4.3　村落蔓延阶段：人居与地貌的联合助推

山地传统村落火灾与其所处的人居空间与地貌环境密不可分。人居空间作为承灾体为火灾提供了大量、连续、暴露度高的可燃物，地貌要素不仅塑造了山地传统村落的三维空间，提供了火灾立体增长的孕灾环境，而且由其带来的山地风往往扮演着助长火势的角色。“地貌”与“人居”的耦合形成了多样化的聚落模式和空间格局（图4-12），影响了可燃物的组合方式和在空间中的传导过程，深刻影响了火灾的蔓延机理。

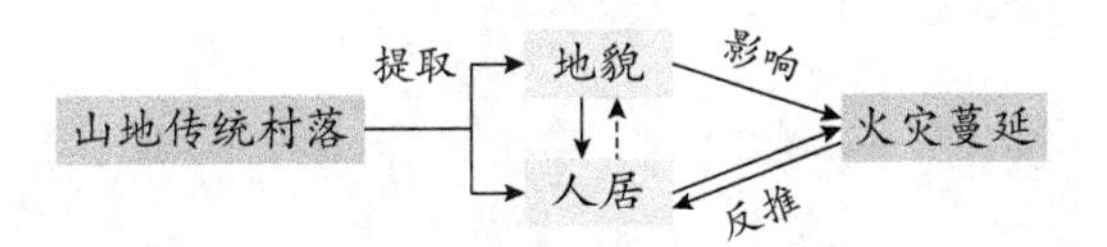

图4-12　地貌、人居与火灾蔓延的关系

在本研究的语境下，“地貌”指村落所处的山地环境的下垫面形态，也包括由此而来的山地风要素，在宏观上约束了山地传统村落的整体规模和形态；“人居”指的是人为适应生产生活对空间进行动态调适的作用力，在中微观上影响了村落内部的空间组织关系。二者共同塑造了山地传统村落的空间格局，又构成了山地传统村落火灾蔓延的关键影响因素。

4.3.1 木建筑围护结构无法约束火势

首先，这样小尺寸、可燃材料的竖向围护结构完全无法限制住火势的发展，也无法抵挡外部火灾向自身的蔓延。值得一提的是，只有水平向的围护结构——屋顶由不燃材料冷摊瓦构成，本可以抵挡一定程度的周围建筑的火灾蔓延和飞火的袭击，但是由于屋顶下部的支撑结构椽条、望板也是木材构成，当室内起火时，会逐渐烧掉支撑的椽条和望板，导致屋顶的瓦片逐渐掉落，形成一个个空洞（图4-13），难以继续发挥防火控火效力，而且会成为室内火势向外发展的增长点。

其次，很多建筑为了增强墙体的防潮、防腐和防虫性能，或者为了使建筑更加光鲜和美观，在外墙表面涂刷桐油，但是桐油本身是易燃物，在火灾发生后容易助长火势，加快燃烧速度。

再次，建筑的凸出部位、加建部分（图4-14）特别容易成为外部火灾向自身蔓延的“接火部位”，也是建筑群中火灾蔓延的中介。这些部位主要包括屋檐、建筑上部悬挑的外廊、周边加建的厨房、储藏间等，因为它们是整个建筑距离起火建筑最近的部位，所以率先被引燃。它们的存在会客观上缩短建筑之间的间距，使自身更容易被引燃。

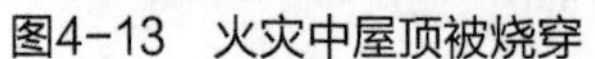

图4-13　火灾中屋顶被烧穿　　　　图4-14　建筑的加建部分和凸出部位

4.3.2　建筑台地排布促进火灾立体蔓延

处于坡地的村落，主要是山麓、山腰村落，通常都是平行于等高线呈台地式排布（图4-15）。每上下两排建筑的高差约3~4 m，这种高差既能顺应火灾向上部建筑蔓延，又无法阻挡火灾向下部建筑蔓延[33]，当然向上蔓延的速度要大于向下蔓延的速度。而且这种排布方式恰好契合火灾向上发展的特性，如果起火点在村落的下方，那么即使在静风情况下，都会将上部大部分建筑置于火海，形成整个村落的立体蔓延（图4-16）。

图4-15　建筑台地式排布

图4-16　火势沿坡快速蔓延

4.3.3　村落空间格局影响火灾蔓延方式

建筑排布密集，并且有很多附属建筑夹杂其间，导致村落的建筑密度一般较大，通常为40%，肇兴侗寨的建筑密度可达48%。很多村落的建筑在横向排布上基本毗连，中间没有防火墙和封火山墙进行分隔，导致火灾时火焰很容易延烧到整排建筑。

有效防火隔离带不足。河谷平坝型村落由于地形平整，往往是网格式布局，由道路和河流对空间进行分隔，其中能充当防火隔离带的线状隔火空间一般只有河流和主干道，因为其他道路的宽度往往不足。但是这样的防火隔离带规模对于村落来讲还远远不够。山腰和山麓村落的空间格局随形就势，顺着等高线排布建筑，一般会有1~2条垂直于等高线的防火隔离带，而平行于等高线的基本没有，更加没有河流作为辅助的防火隔离带。山脊上的村落通常只有一条平行于山脊线的主干道作为防火隔离带，比上述两者的隔火空间更加匮乏。另外，村落与山林之间也缺少防火分隔带，由于村落的发展和规模的扩张，逐渐蚕食掉了原本与山林之间的空地，发展到直接与山林相接，“开门见山”的程度，使得村落火灾和山林火灾往往会互相蔓延，更加加深了村落火灾的风险和破坏程度。

点状隔火空间过于集中，难以充分发挥隔火效果。村落当中还有一些点状的公共空间可以作为隔火空间，例如广场、水塘、农田等。其中，现代配置型广场通常分布在村落边缘，无法起到很好的隔火作用。水塘、农田和传统自建型广场通常有沿道路、河流分布的特征，这种集聚性虽然增大了原本道路的隔火能力，却降低了村落全域的整体隔火能力，使村落内各片区的火灾风险很不均匀。与消火栓的保护半径的原理相似，每个点式的隔火空间都应有其各自的防火保护半径，否则就会有很多建筑处于未被保护的盲区，故分散布局才更加有利于整个村落的防火分隔，让每个水塘、广场都发挥各自的保护作用，过于集中只会让隔火空间的隔火效力下降。

4.3.4 地形风加速火灾蔓延

村落火灾在静风情况下向着四周蔓延，而在风速大的情况会向下风向的方向去蔓延，而且蔓延速度更快。由于山地地貌的不均匀产生的局地的地形风会很大程度上影响村落火灾蔓延的速度和方向，使火势加速向下风向的方向去蔓延。最典型的有以下三种情况：

（1）顺山脉风向的风会加速火灾的横向蔓延。顺山脉风向的风对于峡谷中的各个山位的村落来说，因为“狭管效应”的存在，会对初始风速产生加速效果，出现最大风速。而这些村落的建筑往往是沿等高线台地式排布，每个台地上坐落排列紧密的一排建筑，中间偶尔出现1~2条防火隔离带进行分隔。但是在这种地形风的影响下，建筑的火灾势必会跨越防火隔离带蔓延到其他区域，造成更大面积的火灾蔓延，也就使原本的防火隔离带失效了（图4-17）。

图4-17　顺山脉风向的风加速火灾横向蔓延

（2）谷风会加速火灾的竖向蔓延。第2章讲到，山谷的白天会出现谷风，即山谷吹向山坡的上坡风，与火势向上发展的特性相吻合，两相叠加之后会大大加速火灾向上蔓延的速度，同样也会跨越台地之间的防火隔离带，给扑救工作带来极大困难（图4-18）。

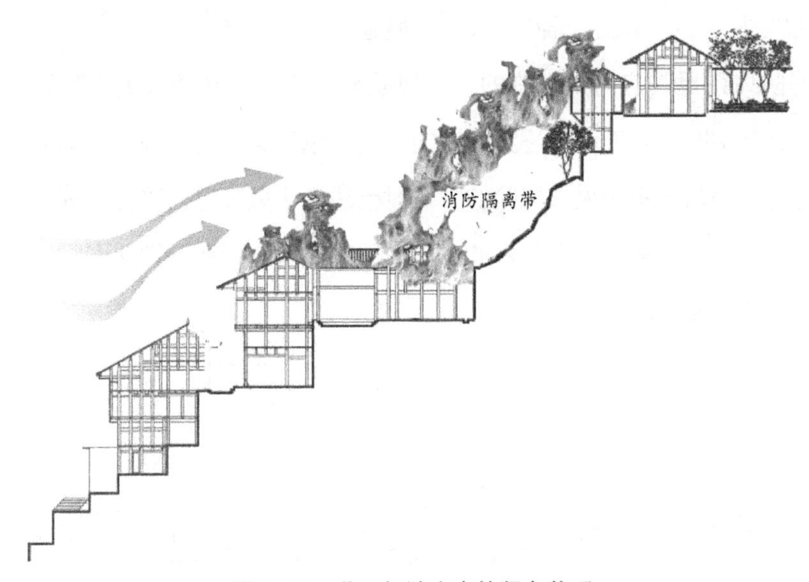

图4-18　谷风加速火灾的竖向蔓延

（3）在风速大的情况下更加容易产生飞火。起火建筑燃烧中产生的带火的碎屑在大风的作用下被吹散到各处，形成飞火。村落中的茅草由于自重轻、截面尺寸小、燃点低，在火灾中特别容易被引燃和刮飞，也会产生飞火。飞火落地后形成新的火点，如果周围有可燃物，就会形成持续的燃烧。而且飞火还会造成远距离的火灾传播，据火灾亲历者回忆，在大风天发生火灾时，有飞火甚至烧到了村落对面的山坡上。

由此可见，在建筑的围护结构、建筑的排布方式、村落空间格局、村落内的火灾荷载和地形风等因素的共同作用下造成了村落火灾迅速且大规模的蔓延。为了有效控制村落火灾蔓延，应该注意强化建筑的围护结构、优化村落的空间布局、清理村落内的可燃性杂物和做好大风天发生火灾的防御工作。

4.4 灭火阶段：城镇化冲击下消防体系的破而未立

面对山地村落火灾燃烧速度快、易蔓延的特性，只有及时、有效的消防行动才有可能压制火势，但是现阶段的村落消防体系受到城镇化的冲击，原有的完整体系被打破而新的适应时代和地区需求的体系并未建立起来，不能及时且有效地进行火灾扑救。导致火灾大肆蔓延，难以控制。

消防体系是为应对其面临的火灾风险而产生的，并随火灾风险的变化而变化，这其中既有自下而上逐渐演变的民间力量，又有自上而下的强力干预的政府力量。消防体系和火灾风险的力量对比决定了火灾是否受控。同时，消防体系又受到城镇化多方面的强烈冲击，在火灾风险应对和城镇化影响的合力下经历了嬗变（图4-19）。

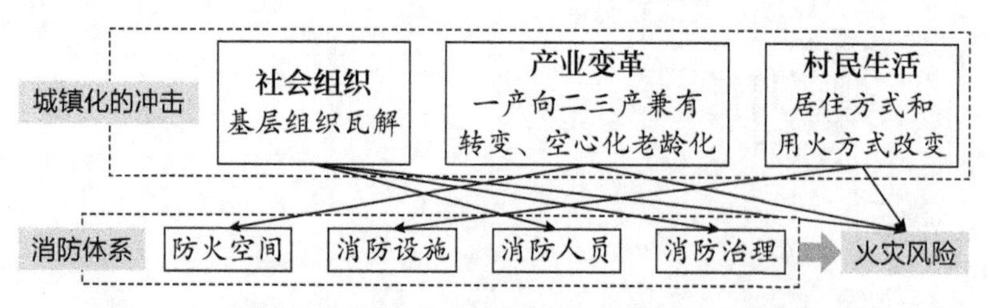

图4-19 “城镇化的冲击－火灾风险－消防体系”的相互关系

消防体系由于研究视角不同在学界尚未形成一个统一而确切的定义。本书基于文献综述和对相关消防规范[34-35]的梳理，将消防体系分为硬件系统和软件系统，硬件系统根据消防实体的类别分为防火空间、消防设施、消防人员，软件系统为涉及火灾全过程管理工作的消防治理。其中防火空间属于“自防”部分，主要指村落和建筑的实体与空间，包括村落空间格局和建筑防火性能；消防设施指用于消防扑救的水源和设施，如水池、消防管网、灭火器、消火栓、消防水泵等；消防人员包括实施“自救”的村民和作为“外援”的消防队员；消防治理包括灾前的防火习俗规约、日常管理规定和灾后的惩罚措施等，是培养村民防火意识和维持救火行为顺利实施的重要保障（图4-20）。由于本部分需要分析灭火阶段的影响因素和作用过程，所以仅对消防体系中的“消”的部分——消防设施、消防人员和消防治理方面进行论述。

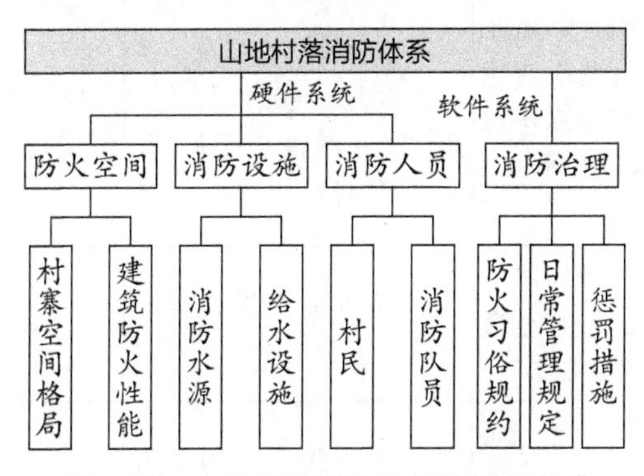

图4-20　山地村落消防体系的要素构成

在城镇化的冲击下，需要应对的火灾风险从明火火灾变为电气火灾为主，消防体系自身也从注重“人防”变为注重“技防”。

针对山地村落现状特点和火灾风险的变化，黔东南苗族侗族自治州人民政府和相关职能部门提高了对村落消防问题的重视，加大了对村落消防设施的资金投入，完善了各级消防队的建设和职责分配（表4-5），加快了对村落消防设施建设的进程，并且围绕消防“六改”、强化消防安全问责制、整治伪劣电器产品、排查消防隐患等方面制定了一系列的政策（表4-6），并且出台了《黔东南苗族侗族自治州农村消防条例》《黔东南州农村房屋结构安全隐患排查整治技术导则（试行）》《传统村落火灾防控规范》（DB52/T 1504—2020）等管理条例。

表4-5 黔东南各级消防救援力量及工作职责

行政层级	救援力量	工作职责
自治州	消防支队	部署工作、指挥调度、协助救援
县	消防大队	火灾救援、配备消防设施、组织消防比赛
乡镇	专职消防队	对村民进行防火培训和宣传教育、不定期下村检查
村落	志愿消防队	网格化管理、十户联防、消防安全检查、“敲门行动”隐患排查、与村民签订《村落火灾防范责任书》、开展消防演练、制订应急预案等

表4-6 黔东南近年来主要的消防政策

时间	名称	主要内容	事由	对象
2014年4月	《中共黔东南州委 黔东南州人民政府关于实施〈农村消防安全三年行动计划(2014—2016年)〉的通知》	消防“六改”（寨改、房改、水改、电改、厨改、路改）；组建专职消防队和志愿消防队	“1·25”报京侗寨火灾事故	50户以上木质连片村落
2016年4月	《关于严肃农村消防安全工作责任追究的通知》（简称“州八条”）	严肃农村消防安全工作的责任追究	—	全州村落
2016年6月	《关于进一步强化农村消防安全责任追究的通知》（简称“6789”工作措施）	进一步强化农村消防安全追责	—	全州村落
2017年4月	传统村落消防安全改造	水改、电改	—	前四批传统村落
2020年11月	《关于进一步吸取一般火灾事故教训强化防范处理工作的通知》（简称“小八条”）	吸取一般火灾事故教训，加强防范工作	—	全州村落
2020年1月	查电防火	消除伪劣电器和不合格插线板和开关插座	“10·12”黎平县火灾事故、“1·10”从江县火灾事故	全州村落
2020年4月	《黔东南州农村消防基础设施建设三年行动计划（2020—2022年）》	继续实施消防安全改造，加强救援力量建设	进一步夯实农村火灾防控基础	50户以上木质连片村落

表4-6（续）

时间	名称	主要内容	事由	对象
2020年6月	电器产品整治	农村电器产品质量专项整治	“10·12”黎平县火灾事故、“1·10”从江县火灾事故	全州村落
2020年10月	“百日会战”	农村消防隐患排查	“两个下降一个不发生”	全州村落

其中，最为核心的工作是消防“六改”，即寨改、房改、水改、电改、厨改、路改六改，寨改意为在不影响传统村落整体风貌格局的情况下，搬迁部分非传统建筑，开辟防火隔离带，划分防火单元或减少火灾荷载等改造。房改意为对保护价值高的木质传统建筑采用阻燃技术提高建筑耐火等级的改造。水改意为结合人饮工程和水利建设引水进村，安装常高压消防给水系统和配置手抬消防机动泵等消防设施，构建消防给水系统。电改意为对村落的老化和不规范的电气线路和配电设施和用电设备实施拆换、绝缘、穿管等改造。厨改意为对厨房的围护结构进行不燃化改造，对用火设施进行防火功能改造。路改意为拓宽、延伸和增设进村道路，完善村内外消防车道和疏散通道。寨改和房改是为提高村落建筑的抗火能力；电改主要为减少村落的电气火灾发生频率；厨改是为封闭和隔离用火房间，减少明火火灾发生频率；路改是为消防救援疏通道路，提高救援速度；水改是借鉴城市的现代化的消防设施体系，为村落引入网络化、全覆盖、高效率的常高压消防给水系统。为了保证电改和水改工作的有效性，消防部门还开发了“黔小消”App来监测全村每户人家的电网运行情况，在高位水池中设置了水位监测仪来监测消防水量，以便发生异常情况时可以及时断电或修正。总体看来，当前的消防体系更加注重新技术的结合与应用，从传统时期的“人防为主”转变为“技防为先”。

再配合着压紧落实消防责任制、消防隐患排查等管理工作，黔东南的火灾形势有了一定程度的好转，近年来蔓延型大火数量有所减少，但是小火亡人型火灾有所增长，整体的火灾起数仍维持在高位。

由于地方资金的紧缺，重点村落的消防基础设施建设任务并未全部完成，更难以覆盖到一般村落。消防基础设施“重建设，轻维护”，有些已被损坏或废弃。消防“六改”的成果被部分村民再次改造，消防效果难以保障。基层消防队的战斗力较弱，难以应对突发火灾。且政府的一系列防火行动并未完全发动群众，造成了“上热下冷，基层空转”的局面。这种保护效果事倍功半且难以持续。一味的资金投入和人力投入只能换来暂时的防控效果，难以形成长效机制，火灾形势依然严峻，具体表现在以下方面：

4.4.1 消防设施量少且维护不善

消防界的经验称，“火旺源于水少”，消防水源是否充足对于扑灭火灾起着根本性的作用。但是现实中消防水源的供给对于山地村落来说的确困难重重。传统时期村民依靠广布的水塘和家中自备的储水设施“太平缸”来进行灭火[36]，然而在村落的现代化改造过程中，尤其是旅游型村落在修建公共服务设施的过程中，为争取更多建设用地而将村内的水塘、水井填平，对消防水源造成了极大破坏[37]。自来水进入村民的生活后取代了原来家家户户必备的储水设施“太平缸”，甚至使村中的水塘、水井遭到废弃，但自来水本身由于管径小、水压低并不适合作为消防水源。这些变化致使山地村落丧失了传统的消防水源，将村落彻底暴露于火灾肆虐的阴影之下。

为健全农村消防体系和补充农村消防设施，政府引入了现代化的消防设施，对传统村落和50户以上木质连片村落实施“水改”，为其配备以高位水池、给水管网和消火栓为核心的常高压消防给水系统。但是有些村落的给水管网和消火栓配置得比较稀疏，数量少，保护半径有限的情况下，不足以覆盖到村落中的每家每户，或者无法及时发挥灭火作用。

更重要的是，村落普遍缺乏对设施的日常维护，导致设施受损率高，火灾时难以正常使用。调研中发现存在以下情况：①村民为给自家的生产活动补充水源擅自利用消火栓中的消防供水，会增大灾时消防供水不足的风险；

②村落中的经营活动遮挡或圈占消火栓（图4-21），会导致灾时消火栓难以利用和及时利用；③海拔较高的村落的（室外）消火栓未做保温处理（图4-22），冬季火灾时很可能造成消火栓不出水；④手抬机动泵、消防水枪、水带等消防设施乱堆乱放（图4-23），会导致灾时难以找到相配套的零件，大大降低可用消防设施的数量；⑤村民家中的灭火器未规范存放（图4-24），会导致灭火器的效果大打折扣。由此看来，村落消防设施的现状和实际效用十分堪忧。2012年增冲侗寨大火和2014年报京侗寨大火，皆因消防泵不能用、消防水池蓄水不足延误了救火进程而使火势扩大。

图4-21　经营摊位圈占消火栓

图4-22　室外消防栓和管道未做保温处理

图4-23　消防器材随意堆放

图4-24　灭火器存储方式不当

4.4.2 消防人员专职化

消防人员与消防设施的情况类似，都经历了从自身强健到自身萎缩需外界补给的转变。村落的救火行动原本是每个村民自发的行动和不言自明的责任，火灾发生时村民在寨佬的指挥下积极有序地进行救火行动，人心齐、行动迅速，往往能把火势控制在一定范围内。但是在城镇化的冲击下，村落的基层组织解体、寨佬权威消解使得发生火灾时，村民自组织涣散，难以进行及时有效的组织，还有个别村民只顾抢救自家财物而不参与救火；加之村落的空心化和老龄化，青壮年流失严重，老人和儿童行动能力弱，难以组织有效的救火力量；老人和儿童的自救和逃生能力弱，增大了村落火灾救援的压力；破拆房屋本是灾时迅速开辟防火隔离带，阻止火势继续蔓延的有力途径，但是现在村中缺少可以迅速破拆[①]房屋的工匠，或破拆过程中遭到房主阻挠，也导致了救火的低效。

为补充救援力量和提高救援人员的素质，实现就近救火，政府在乡镇设立了专职消防队，在村落成立了志愿消防队，负责日常消防宣传教育、村民灭火技能培训和灾时救火等工作。这样一来，村民救火的积极性和责任感被大大削弱，常年外出务工造成消防人员力量锐减，而且他们不具备扑救大型火灾的经验和技能，更加依赖专业的消防队。实际上专职消防队战斗力虽然较强，由于设在乡镇，到村里仍需至少半小时的时间，灭火仍然不够及时；由于村内缺少消防通道，到了村落也难以靠近火场；而且由于经费有限，专职消防队的运营状况堪忧。志愿消防队由村民自愿组成，组织较为松散，人员流动很大，村民的积极性也不高，故灭火战斗力不足。有的村落的志愿消防队的成员直接由村干部兼任，但是他们本身事务繁多，训练时间短缺，因而战斗力有限，在灭火时难以发挥相应作用。综合看来，目前的消防人员的灭火素质处于不稳定状态，难以应对突发火灾。

① 破拆：指为形成防火隔离空间、阻止火灾蔓延而对木质房屋进行局部或全部的拆毁。

4.4.3　消防治理脱离村民生活

西南山地村落在长期用火的过程中产生了火崇拜和火禁忌，由此形成了严格的用火防火规约，并制定了严厉的失火惩罚措施。这些严格明晰的消防治理帮助传统时期的村落成功应对了火灾的长期侵袭，但是现代的村落消防治理在城镇化的冲击下也发生了巨大变化。

（1）防火习俗规约与日常管理基本失效。由于村落基层组织的解体和汉文化的冲击，现代的村民已经丧失了火崇拜和火禁忌的传统，用火不再谨慎，经常会因遗留火种、余火复燃而引发火灾。“扫寨”、唱侗歌、看侗戏的习俗也只有在少数村落中流传，日常防火管理中的“鸣锣喊寨”因村落人手不足而逐渐取消，村民在日常生活中接触不到传统时期那样频繁的防火讯息，防火意识必然淡薄。

（2）引入的集中式消防管理未受重视。为加强村民的责任意识和对建筑内部消防隐患的排查，政府实行了“敲门行动”“十户联防”等管理制度。“敲门行动”是每月一次排查各户室内的火灾隐患并进行消防安全宣传，而“十户联防”以每十户划分一个网格，每户轮流为其余九户做好消防监督的工作；但村民往往对这些集中式的行动往往漠不关心，应付了事。

（3）惩罚制度已名存实亡。传统的款组织解体，代表其权威的“款约法”也自然随之失去了效力，取而代之的是现代的村规民约[38]。在法治社会的要求下，条款对失火者的惩罚措施明显减轻，且执行力度很低，失火者通常不仅不受惩罚，还能得到政府的补助，这样对失火者和其他村民必然起不到警示和震慑作用。

由此可见，消防设施和消防人员自身力量薄弱，引入的现代消防设施和消防队又难以发挥作用，消防治理脱离村民生活，对村民约束力弱，导致整体的消防体系的应灾能力下降，造成了“自救无力、外援不及”的窘境，只能望火兴叹。

从消防体系与其火灾风险的互动过程来看，传统消防体系面对明火火患多的火灾风险，在防火空间薄弱的条件下利用其强大的消防治理能力和团结有力的村民组织，与火灾风险形成了一种稳定平衡。而现代消防体系的防火空间越发薄弱，村民防火组织弱化而引入的现代化的消防设施和消防队也收效甚微。在应灾能力下降的同时，其面临的是危险性更大，燃烧速度更快，隐蔽性更强的电气为主的火灾风险，但其原本应对明火的优良防火传统已逐渐式微，应对电气火灾的防火知识体系尚未建立，这是西南山地村落在现代火灾频发的根本原因（图4-25）。

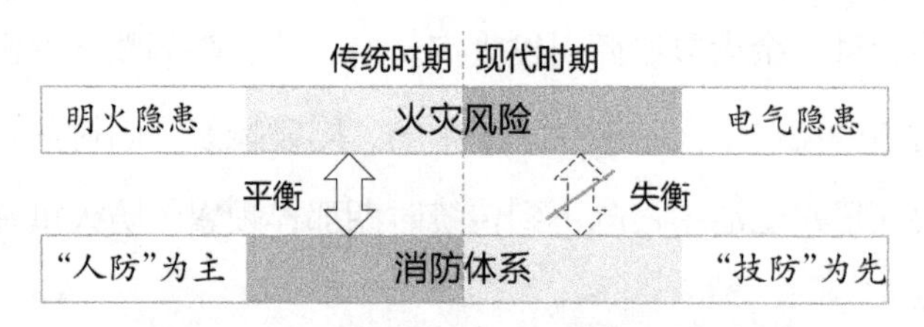

图4-25　消防体系与火灾风险的互动过程

4.5　火灾案例分析

4.5.1　“火烧连营”案例

2012年9月24日，黔东南从江县增冲侗寨发生火灾，造成了13栋房屋被毁。

4.5.1.1　事故场所基本情况

增冲侗寨三面环水，形似山中半岛，村中有大大小小的水塘和水池，消防水源较为丰富。村内木构建筑密集，檐廊相接，建筑密度大（图4-26）。

火灾发生在凌晨。一村民酒后卧床吸烟，睡着以后，烟头引燃了卧室的塑胶墙纸。该村民发现起火时，低估了火情，未及时通知其他村民，而是与家人到附近水池取水灭火，但是这个水池因高速公路的修建破坏了水源，蓄水不足，这导致了对初期火灾扑救不力。室内的装饰塑料油布和其他可燃物加入了燃烧，使得火势迅速变大。该村民认识到再难以通过个人力量灭火了，于是跑到其他村民家去求助。

图4-26　增冲侗寨

4.5.1.2　火灾事故经过

首先赶来的村民全是青壮年，他们先是迅速来到村中鼓楼处判断火情，重点观察发生在鼓楼20余米开外的大火是否会危及鼓楼，在保留一定人手保护鼓楼后，其他人才被安排到起火点投入救火。但此时火势已经蔓延开来，使得人们无法靠近离起火地点最近的水塘。要从离起火点较远的水塘取水灭火，需要利用消防机动泵抽水才够迅速，但当时村中配备的多台消防机动泵中却只有1台能够正常工作，人们只能通过水盆、水桶盛水再以人力传接递的方式灭火，灭火效率大打折扣。虽然通过鸣锣喊寨和广播鸣号的方式通知村民，村中能动员起来的男性村民被迅速组织起来参与到传递水桶的救火工作中，但灭火效率不高。

此时临近秋收季节，很多村民家中一楼存放着大量用于打米机的汽油。当火势迅速发展扩散到邻居家时，引发了一系列汽油燃爆。救火的村民随即转变策略，将原本用于保护鼓楼的消防机动泵先投入灭火，同时开始紧急破拆火场周围的建筑，清理各家的汽油，以阻止火势蔓延。不久，接到火警求助的邻近村寨的村民陆续带着消防机动泵到来，加强了消防力量，火势逐渐被控制。至天亮时分，历经了五个多小时的奋战，此次火灾终于被扑灭。虽有13栋民房被烧毁，但保住了村中已有300多年历史的增冲鼓楼。

火灾发生当天半夜12点，村里便举行了“推火秧”仪式，并按村规与习俗惩罚了“火殃头”（失火者）。事后村民还因消防泵大量不能使用，而责难村主任令其辞职。在灾后重建中，因为不可在火灾原址重建房屋，村民又向乡、县政府求助，获得了在新村区域重建民房的许可，并从政府得到一定救灾资金援助。

4.5.1.3 火灾原因分析

起火原因在于村民酒后卧床吸烟，属于不良习惯引发的第二类火灾，村民的涉火行为是主因。火势之所以扩大，乃至造成火烧连营，来自多方面的原因。

（1）村民及其家人未能有效扑救初期火灾。村民家里为木构建筑，却没有配置任何灭火的器具，导致不得不寻求外部的水池。然而那个水池刚好因高速公路的建设而遭到了破坏，村民及其家人对此却不知情，这期间的行动耽误了时间，贻误了扑救火灾的良机。

（2）村中的可燃物过多，加速了火灾蔓延。正值秋收，很多村民家中存有汽油，这大大增加了火灾蔓延的势头。

（3）失火者未第一时间求救，耽误了灭火进度。

（4）村中的消防机动泵多数不能正常使用，大大降低了灭火效率。增冲侗寨三面环水，形似山中半岛，村中有大大小小的水塘和水池，根本不缺消防水源。但是没有水泵，就无法快速利用这些水去灭火。从中可见，村委会和村民疏于对消防设备的日常维护和保养；而且村中当时没有建设固定的消防设施，如消火栓，否则就可以直接利用消火栓来扑灭火灾。

（5）村民未采取正确扑救策略。在发现只有一台消防机动泵能够正常工作时，没有将其用于灭火，反而留下它用于保护鼓楼。但是“皮之不存，毛将焉附”，如果火势一直得不到压制，那么火灾迟早会蔓延到鼓楼那里，到时候想保护鼓楼也保不住。这样的决策也延缓了灭火进程，放任了火势的发展。

（6）村里没有成立志愿消防队，缺少专业人员的指挥和指导，导致灭火行动比较曲折，效率较低。

当然，村民的一些应对措施也是延续了传统救火智慧，值得学习。主要在于发现有汽油燃爆火势扩大后采取的措施：一是紧急破拆火场周边的房屋，这是临时开辟防火隔离带最快最有效的方法；二是及时清理可燃物，让村民清理各家的汽油，以减缓火势蔓延的速度。

总体而言，失火者没有应对好初期火灾，村民集体救火时决策失误，消防设施配备不足和日常维护不到位，是火灾蔓延的主要原因。

4.5.2　小火亡人案例

2020年3月8日5时50分左右，贵州省黔东南天柱县竹林镇竹林村家家电器店门面（村民自建房）发生较大火灾事故，造成9人死亡，2户受灾，烧毁房屋1栋，给人民群众生命财产安全造成重大损失，造成了较大的社会负面影响。

4.5.2.1　事故场所基本情况

发生火灾事故的场所为天柱县竹林村杜某杰的自建房一楼门面。事发建筑为三层砖混结构房屋，临街宽7 m、长26 m。杜某杰房屋东面是相邻而建的吴某妹村民住宅，北面是竹林街，西面是相邻而建的潘某本村民住宅，南面是竹林镇敬老院，具体方位如图4-27所示。

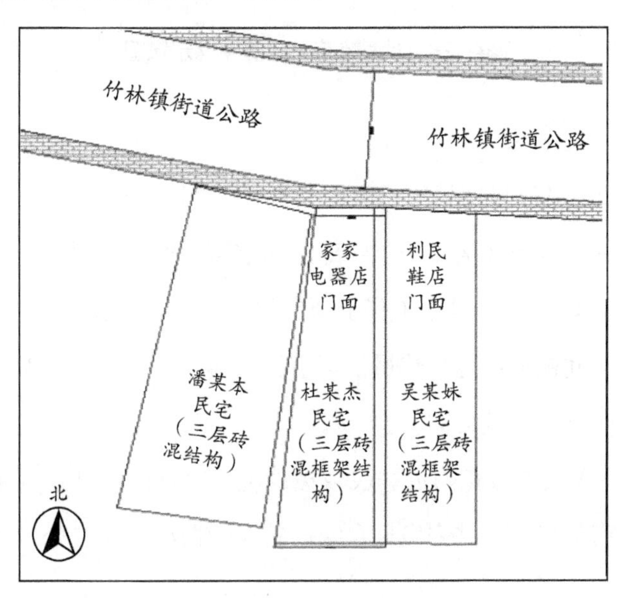

图4-27 杜某杰房屋总平面图

杜某杰房屋建筑中部为一部三跑楼梯通向各层，分为南北两侧用房。一层分隔为南北两个区域，北侧为门面，主要经营热水器、电冰箱等家电销售和家电维修，经营门面中部搭建一个木质夹层用于堆放电器货物，一层南侧为厨房。二层、三层南北两侧各设置两个房间，用于户主及家人日常居住使用。三层屋顶平台北侧局部搭建有木结构建筑物，用于堆放杂物。房屋建筑面积为196 m^2，其中，一层建筑面积为81 m^2，二层、三层和地下室建筑面积均为57 m^2，杜某杰房屋一层平面布置如图4-28所示。火灾发生地点位于杜某杰自建房一层北侧，建筑面积约为36 m^2。

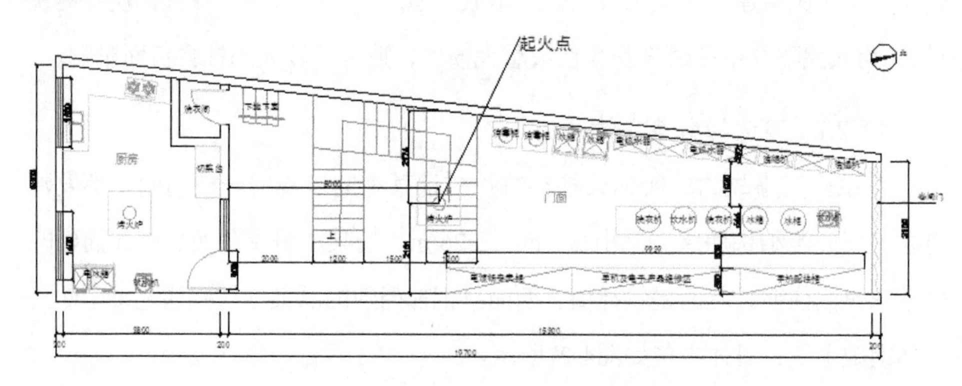

图4-28 杜某杰房屋一层平面示意图

4.5.2.2 火灾事故经过

经调查，2020年3月7日晚，天柱县竹林镇竹林村竹林街上杜某杰户一家人睡觉前，未关闭其自建房屋一层中部（即家家电器店门面内）三跑楼梯下方使用的电热取暖炉电源，且在炉子上覆盖烘烤衣物，3月8日5时50分左右，因电热取暖炉长时间被覆盖运行热量积聚引起电器过热，引燃覆盖在炉子上烘烤的衣物及周围可燃物引发火灾。

（1）涉险人员自救和附近居民救援情况。3月8日6时1分，杜某杰在其微信群内分享抖音信息时，并未发现自家已着火的情况。6时7分，住在斜对面的邻居王某燕被类似爆炸的声音吵醒，通过窗户看到杜某杰家一楼卷帘门、二楼窗户冒黑烟。6时10分许，与失火房屋相隔三栋房子的邻居吴某达，在家听到类似放鞭炮的声音，下楼看到杜某杰家冒烟，门面的卷帘门是关的，去敲门喊杜某杰但无人应答。6时29分许，与失火房屋相隔一栋房子的潘某福夫妇起床发现杜某杰家失火，大声喊杜某杰，听到杜某杰呼叫其次子后无声音。6时30分后，发现火情的多位邻居赶到现场救火，发现无法打开卷帘门。灭火救人无措后，跑到派出所报警。

（2）竹林镇应急救援情况。6时33分许，竹林派出所接到群众的拍门报警后，立即呼叫并组织驻镇干部、附近群众和派出所民警赶赴现场灭火，但因缺乏专业救援能力和破拆工具，救援人员无法冲破杜某杰家一楼门面卷帘门入内灭火救人，主要疏散周边群众并防控火势向周边蔓延。

（3）消防队伍应急救援情况。6时36分许，天柱县消防救援大队接到群众和竹林镇报警后，立即出动2车10人赶往现场，同时调派竹林镇、远口镇、坌处镇专职消防队前往现场处置。消防大队救援力量于8时40分到达现场开展灭火，9时10分火势得到控制，9时30分余火被扑灭。在灭火救援过程中，分别在杜某杰家3层南侧和北侧2个房间内发现9名被困人员，其中南侧房间内1名老年女性已无生命体征；北侧房间内8名被困人员受烟熏昏迷，经送医后不治身亡。火灾事故现场人员伤亡分布情况如图4-29所示[39]。

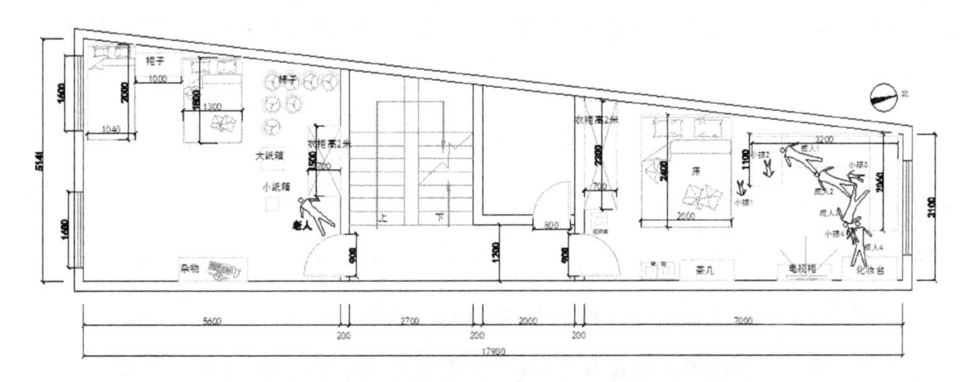

图4-29　火灾事故现场人员伤亡分布示意图

4.5.2.3 火灾原因分析

起火原因在于户主一家在取暖时用衣物覆盖电热取暖器，并且睡前忘记关闭，导致取暖器过热，变为火源引燃了周围的可燃物，从而引发火灾。此火灾之所以没发展为火烧连营，主要在于起火建筑为砖混建筑，侧墙开窗少，能够较好约束住火势不外溢。而之所以发展成亡人型火灾，原因有以下几个方面：

（1）起火建筑消防安全条件差。起火建筑兼有经营、仓储、居住的复合功能，内部存放了大量可燃物。①起火建筑对于一层的经营和仓储空间与二层以上的居住空间并未进行防火分隔，楼梯属于开敞式，未做成封闭楼梯间，导致一楼门面存放的电器产品在燃烧时生成的大量有毒烟气通过楼梯中间的竖向空间蹿入居住空间，严重威胁居住者的生命安全。而且在“烟囱效应”的作用下，烟气的竖向流动速度非常快。②疏散通道不足。起火建筑内部只设置了一部楼梯，而这部楼梯下部恰好是起火点，在源源不断地向上散发有毒烟气，向下疏散的唯一通道就被烟气封堵了。③疏散口被锁闭。起火建筑三楼北侧的窗户安装了全封闭钢质防盗窗，未设置应急开启装置，锁闭了可能的疏散口。④入口卷帘门密闭性强。建筑围护结构封闭本来对于延缓火势蔓延有利，但是对于内部存在被困人员的情况却非常不利。一来卷帘门阻挡了烟气的逸散，让内部的烟气更加集聚，浓度更高，危害性更大；二来烟气的逸散少导致火灾很难被周边邻居发现，导致延迟外部救援时间和报警时间；三来卷帘门本身质地坚硬，导致缺乏专业工具的群众很难从外部破拆而进入建筑扑救火灾和救人。

（2）涉事人员的自救和逃生能力差。起火建筑三层北侧房间安装有无法开启的防盗窗，但是南侧房间未安装。灾时4名家长带着4名儿童企图从北侧房间窗户逃生，导致被困逃生无门。而且现场并未发现家长有防止烟气侵入口鼻的相关举措，这也可能是导致他们行动时间短的原因。

（3）群众的互救能力弱。从6时7分率先被爆炸声吵醒的邻居去敲门提醒户主，到6时30分周边群众面对封闭的卷帘门束手无策时才选择报警，这中间近半小时的时间内，先后有几批人发现火灾，都未能成功突破卷帘门，也都未选择报警。报警太晚导致灭火救援力量未能第一时间赶赴现场处置，耽误了救火和救人的宝贵时间。

（4）消防基础设施薄弱。起火建筑周边未建有消防水池，消防管网和消火栓等消防设施尚在建设中，无法投入使用。发生火灾时消防车只能靠手抬机动泵从50 m 外的河中取水，降低了灭火效率。

（5）消防队扑救能力薄弱。专职消防队仅有1名专职队员，其余人员均为兼职，且缺乏破拆工具和个体防护装备，临时组织的救火队伍未经训练战斗力弱，未能在第一时间控火救人，只能等待周边镇上的专职消防队前来处置。

以上两个案例向我们展现了现实火灾的复杂性，村落空间的防火、控火、灭火过程需要综合多种要素、借助很多资源才能实现，缺一环都无法达成，而且还需要很多环节之间的相互配合。然而事实是每一环都失守，每一阶段都存在很多短板。

总而言之，涉火行为与室内空间的耦合造成了火灾频发，室内火灾荷载大且无有效防火分隔造成了火灾在室内的快速蔓延，村落人居格局与地貌的联合助推导致了火灾在村落中大面积蔓延，城镇化冲击下消防体系的破而未立导致了救火低效，共同造成了西南山地村落火灾的严峻形势。

第5章 山地村落火灾的导控机制

5.1 火灾发展的分阶段导控要素

由上述分析可知，山地村落火灾的灾变原理在火灾全过程中并不是统一的，而是因阶段而异。

在起火阶段，起火来自涉火行为和居住空间的耦合，主要存在三种“行为 - 空间”耦合方式：高频涉火行为与弱空间的耦合、不良习惯为空间带来移动式火源、违规操作激发了室内电网的系统性风险。关键因子在于两类行为和三类空间，其中，两类行为是不良习惯和违规操作，三类空间分别为用火房间、火灾荷载大的空间和火源与可燃物易耦合的空间。

在室内蔓延阶段，火势发展主要取决于室内可燃物数量和对可燃物的分隔。室内可燃物多和暴露度高为火灾提供了充分的可燃物和较快的燃烧速度，无防火分隔保证了火灾发展和向外蔓延的顺畅，可渗透界面为火灾提供了充足的助燃剂，保证火灾的持续蔓延。在这些要素中，在不改变建筑风貌的要求下，可渗透界面似乎是个难以改变的定量；可燃物多是村民生活的必然结果，村民普遍不舍得扔旧物，室内的可燃物必然会越积越多，很难去减少。那么只有可燃物的暴露度和室内防火分隔是可以改变的变量，因此是这个火灾阶段的导控要素。

在村落蔓延阶段，火势发展取决于山地地貌和人居空间的联合助推。仍然属于燃料控制型火灾。山地地貌影响了村落的空间格局，促进火灾形成立体蔓延之势；地貌影响下的地形风增大了火灾的蔓延势头和燃烧速度；村落的人居空间提供了持续的可燃建构筑物，其空间格局又影响了可燃建构筑物的分布，这些要素的综合作用形成了山地村落火灾的大肆蔓延之势。其中，木质建筑连片的村落的火灾蔓延风险最大，处于山脊的村落是所有山位的村落中风速最大的，处于峡谷中的山腰、山麓村落在遭遇顺山脉风向的风和谷风时风速加速明显，会快速扩大火势。河谷平坝村的中心位置，山腰、山麓村的坡底位置为起火点时，造成的火灾蔓延程度最大，蔓延速度最快。

在这些要素中，山地地貌是宏观环境的定量，不可改变，只能顺应；谷风的出现有其规律性，最大风速的出现有其偶然性，都并非常态，可以根据气象预报提前获知风的状态，然后采取相应的预防措施；而山地村落的人居空间是可以改变的，重点是其中的可燃建构筑物数量和村落空间格局，是这个阶段的导控要素。

在灭火阶段，村落的消防体系是个环环相扣、紧致耦合的系统，至少需要消防人员、消防设施、消防水源的密切配合，任何一个环节出现问题都会使系统失效。而现在的情况是每一个环节都有问题，各环节的配合上更是问题重重。不仅缺乏消防设施和水源，而且维护不善，还缺乏扑救火灾时的有力组织，比之更严重的是缺乏掌握扑救火灾技术的消防人力。幸好以上方面都是可以改变的，这也是灭火阶段的导控要素（图5-1）。

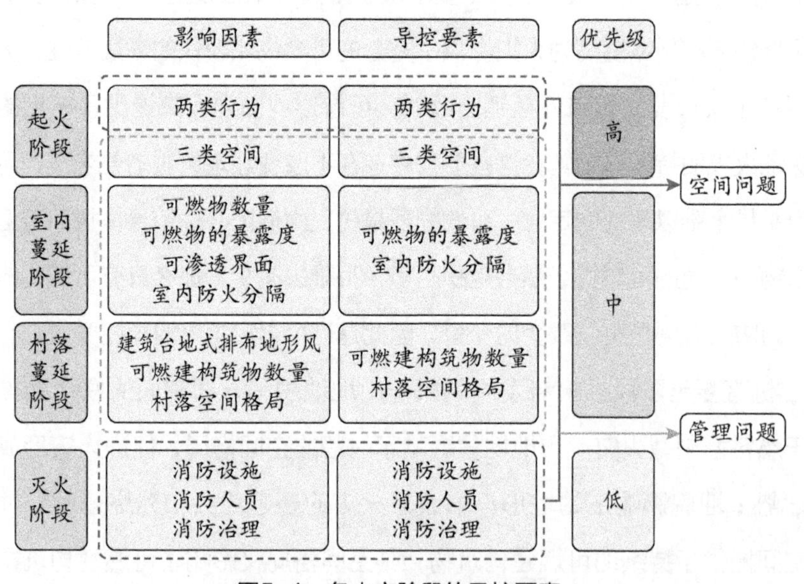

图5-1　各火灾阶段的导控要素

从空间角度分析，起火阶段和室内蔓延阶段都发生在建筑室内，与建筑空间性质与居住者行为密切相关，与村落空间性质关系不大。即使存在统计意义上的相关性，如不同民族的村落对火灾频率有显著差异，也是来自村落中的建筑特征或居住者的行为习惯的共性。所以应该更加注重建筑和居民个体层面发挥的作用。到了村落蔓延阶段，就与村落的性质息息相关，如村落所在山位、村落的风环境、村落的空间格局等，所以应该更加关注村落层级的共性特征。而灭火阶段的空间尺度分为建筑室内和村落层级，主要取决于火灾发展的程度。对于室内的小火或者初期火灾，每栋木构吊脚楼都配备有灭火器，但是通常没有可用之机。因为现实中的村落火灾被发现时起火建筑已经开始猛烈燃烧了，自家的灭火器基本上已经处于火海之中，而且即使使用也根本不起作用。由此也可发现两点问题：一是火灾被发现得太晚，二是村民难以妥善处理初级火灾。对于村落级别的连营火灾，采用的是现代化的高压水枪水带喷水灭火的方式，而这套体系必须与村落空间环境和交通状况相适配，因而应该关注村落尺度的问题。而现行的村落消防体系显然更重视村落层级的消防而忽视建筑层级的消防。

从时间角度看，重点的防治工作应该放到应对前面的阶段。因为越前面的阶段越重要，没有前面的阶段就无所谓后面的阶段，越后面的阶段治理起来越难，付出的代价越大。古语云“止之于始萌，绝之于未形”，《黄帝内经》中也提到“上工治未病”，都强调了将危险的事物杀死于萌芽之中的思想，也就是现代人讲的源头控制，这样治理造成的影响和付出的代价都最少。从这个角度讲，做好防火工作是最重要的，控火和灭火都在其次。但是火灾是不可能被彻底消除的，总有一些偶然因素会引发火灾，那么就需要辅以过程控制，每个阶段都要控制，而且要各个阶段的防治工作协同起来，不能只依靠管理，忽视空间，应该针对每个阶段的导控要素加以改造和优化。

5.2 火灾蔓延的分层级导控要素

空间要素是影响火灾发生发展的重要因素，从上述各阶段的导控要素可知，其中起火阶段的室内孕灾空间和控火阶段的村落空间都属于空间要素。而且处于火灾发展阶段的前段，能够起到防火和控火的目的。通过空间调试提高村落和建筑的耐火性能是防治山地村落火灾的重要手段。

火灾全过程涉及的空间层级，按通常的建筑学研究方法一般分为宏观、中观和微观。在山地村落的语境下，宏观指的是村落内部，中观指的是组团间及组团内部，微观指的是建筑间及建筑内部。宏观的任务是做好村落与周边山林的隔离，村落内部空间的分隔，并且降低可燃物密度。改造对象包括划分村落的各个组团、防火隔离带、村落可燃物的密度、消火栓的空间布局和给水管网的布置。中观的任务是做好组团之间的隔离，防止本组团内的火蔓延到组团之外。改造对象包括组团边界和识别危险节点等。微观的任务是做好建筑的防护，延缓火灾的蔓延速度，尽量防止火灾蔓延到周边建筑。改造对象包括建筑围护结构、外部凸出物，以及室内的孕灾空间和用火房间（表5-1）。

表5-1　火灾过程与空间层级的对应关系

空间层级		起火阶段	蔓延阶段	灭火阶段
宏观	村落内部	—	降低可燃物密度、划分组团、设置防火隔离带、布局隔火节点空间	消火栓的空间布局、给水管网的布置
中观	组团间及组团内部	—	强化组团边界、识别危险节点	—
微观	建筑间及建筑内部	孕灾空间和用火房间	强化建筑围护结构、减少凸出物	—

宏观层面上的空间调试作用最大，但是改动幅度也最大，涉及的建筑和居民非常多，难度最大。曾经推行的“消防六改”中的“寨改”就是因为动作太大，较难落实，后来不了了之。微观层面上的空间调试与之相反，改动幅度小，易操作，作用一般，但是积少成多；中观层面上的空间调试的作用和难度

介于二者之间，关键在于做好组团边界的防护。因此，应该重点从微观层面着手加以空间调试，逐渐扩展到中观和宏观，“不积跬步，无以至千里；不积小流，无以成江海”，微观层面的改变最终也会影响到中观和宏观。

5.3 差异化防火导控机制

从第3章和第4章的分析可知，村落的某些特征与火灾类型存在一定的相关性。木质建筑集中连片程度高的村落的火灾强度，即火灾蔓延规模更大。外来火源多的村落火灾频率更大，经营性场所人流量大、可燃物多、疏散困难易造成“小火亡人”事故，可以想见，经营性场所多的村落发生亡人型火灾的频率更高。通常来说，根据木质建筑集中连片程度基本可以判断村落是否为传统村落，可将村落分为传统村落和普通村落。传统村落因为受到风貌管控的影响，很大程度上保持着原本的木质建筑群的风貌，而普通村落则通过村民自发改造逐渐变为砖混建筑群。当然也存在少数木质建筑集中连片程度高的普通村落，但是它们由于没有维持风貌的约束，在村民自发的改造下也逐渐变为砖混建筑群，故将这一部分村落纳入普通村落。另外，外来火源和经营性场所的数量是村落是否发展旅游的重要表征，可将村落分成旅游村和非旅游村。综合这两个维度可将村落划分成四类，旅游型传统村落、非旅游型传统村落和旅游型普通村落与非旅游型普通村落。其中，旅游型普通村落一方面数量非常少，另一方面其开发的旅游资源往往在于自然风光和游乐方面，偏于村落一隅或与村落有一定距离，对村落的防火情况影响不大，故这类村落按非旅游型普通村落考虑，并称为普通村落。由此西南山地村落分为旅游型传统村落、非旅游型传统村落和普通村落三类（图5-2）。

普通村落由于是砖混建筑较多，建筑本身耐火等级高，使用者一般为本村村民，基本没有经营性场所，火源数量一般，可燃物数量较少，故火灾风险最小，面临的主要火灾类型为小型火灾。防控的重点在于限制涉火行为，减少火源。

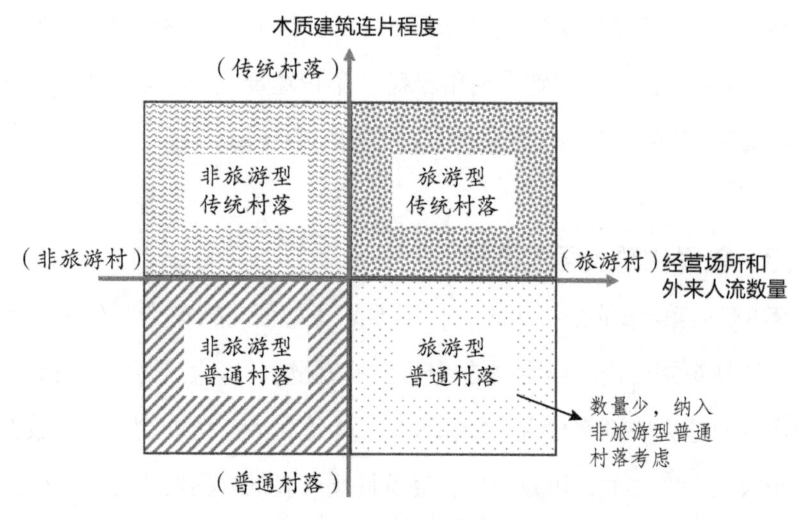

图5-2　西南山地村落的分类

非旅游型传统村落中木质建筑连片程度高，使用者多为本村村民，基本没有经营性场所，火源数量一般，可燃建构筑物数量非常多，村落的火灾荷载很大，而且缺少隔火空间，故其火灾风险较大，此类型村落面临的主要火灾类型为连营火灾。防控的重点在于减少村内的可燃物数量和增加防火分隔。

旅游型传统村落兼具旅游村落和传统村落的特点，其木质建筑连片程度高，经营性场所多，人流量大，用电荷载大，外来火源多，由此带来的村落空间和室内空间火灾荷载大，建筑密度高、疏散空间不足，为人员疏散造成了巨大的压力和障碍。可能导致火灾频率高，面临的主要火灾类型是亡人型火灾和连营火灾，其火灾风险最大，防控的重点在于减少村落空间内的可燃物、增加防火分隔、做好建筑的疏散设计和管理、提高使用者的逃生技能和救火技能（表5-2）。

表5-2　三类村落特征

	旅游型传统村落	非旅游型传统村落	普通村落
图片			
木质建筑连片程度	木质连片	木质连片	砖房居多
经营场所数量	多，外来人的隐患多	少	少
外来火源数量	多	几乎没有	几乎没有
主要火灾类型	亡人型火灾、连营火灾	连营火灾	小型火灾
防控重点	做好建筑的疏散设计和管理、减少村落空间内的可燃物、提高使用者的消防安全意识、逃生技能和救火技能	减少村内的可燃物数量和增加防火分隔	减少火源

第6章　山地村落火灾的防治之策

针对西南山地村落火灾发展全过程中的关键问题，从空间调适和消防治理两个方面提出全面的应对策略，即硬件系统和软件系统的共同完善。用空间调试手段来应对木构建筑内的孕灾空间和村落空间格局的问题，提高村落的防火和控火能力；用消防治理手段应对村民的涉火行为、消防体系的运营维护问题，以及各方面的协调问题，提高村落的防火能力和灭火自救能力。再根据村落的特征和主要火灾类型为各类村落筛选出适合的策略组合，形成适宜性高、可操作性强的策略菜单。

6.1　防治维度

如前所述，山地村落火灾防治问题有多个分析维度，与之相对应的也存在多个应对维度，如何将多个维度统一起来形成一套完备的又有针对性的解决方案是首先需要解决的问题。根据火灾发生的时间过程、空间过程和村落类型，存在如下三个应对火灾的维度。

6.1.1　“防控消”协同的火灾过程维度

从时间维度看火灾的发展过程，“防控消”的火灾过程维度，即防火、控火、消火，对应着火灾发展的起火、蔓延和灭火三个阶段。这里比通常的消防体系提到的“消”和“防”又多了一个“控”的环节，这主要是针对火灾蔓延阶段，通过巧妙的空间设计提高建筑和村落自身的控火能力，将火势控制在较小的范围内，最大限度地减小火灾损失。它属于被动式手段，不需要依靠额外的设备设施和人力，代价小而受益大，是解决村落和建筑空间问题和提升村落控火能力的必要手段。

三个阶段前后相继、紧密联系，同时又有各自的独立性。如果前一个阶段不发生，就不存在后一个阶段；如果灭火阶段能够及时、有效，那么就不存在火蔓延阶段，也就不需要控火工作。虽然从源头治理的角度，火灾防治重点应该放在防火上面，但是现实中村落火灾是不可能被彻底消除的，而且村落火灾的扑救总是滞后于火灾蔓延很多，发现晚、扑救效率低且火灾蔓延速度快，使村落一直存在着巨大的火灾蔓延风险，所以控火和消火都必不可少。

“防控消”三者需要协同起来。防火、控火、消火中任何一项应对工作都不是边界清晰、泾渭分明的，在做一项工作的同时有时会对另一项工作产生影响，例如，灭火工作中的消防水源的布点涉及控火工作中隔火空间的分布，巧妙地设置消防水塘和水池的布局可以提高村落的控火效率；灭火工作中的消防安全教育工作不仅可以培训村民的灭火技能，还能培养村民的防火意识和用火习惯，可以促进防火工作的开展；控火工作中的空间调试在强化建筑自身耐火性能的同时也可减少建筑被引燃的概率，从而降低起火频率。所以要秉承统筹兼顾的思想，将防控消的每一项工作与其他工作联系起来，让一个策略产生多向价值，发挥协同效应。

6.1.2 “村落 - 组团 - 建筑”的空间维度

从空间维度看，村落火灾发展经历了从建筑内的火点蔓延到周边建筑，再蔓延到周边组团直到全村的过程，选取“村落 - 组团 - 建筑”的空间维度对应了火灾蔓延阶段和控火工作，从空间角度清晰地解决控火过程的问题，同时也可回应防火和灭火的部分工作。而且将空间层级分成宏观的村落、中观的组团和微观的建筑，框架简洁，使策略的对象更加清晰，操作性强，便于落实。

随着时间发展，火势越来越大，涉及的空间从微观到中观到宏观。时间维度和空间维度需要形成时空耦合的策略框架，以便相互补充，提供全面的防治火灾之策。

6.1.3　分类施策的类别维度

从实施层面讲，西南山地村落的类型比较丰富，每种村落都有各自的特征、短板和主要火灾类型，在火灾防控上有所差异，不能用统一的一套方案予以解决，而且每种策略也有不同的适用对象，必须分类施策，根据村落特征提出不同的应对策略组合。从村落类别角度提出策略可以保证策略的适宜性和落地性。

以防控消的过程维度和“村落 - 组团 - 建筑”的空间维度编织成一套全面的策略集，再根据各自村落的特征选取相适应的策略组合（图6-1）。

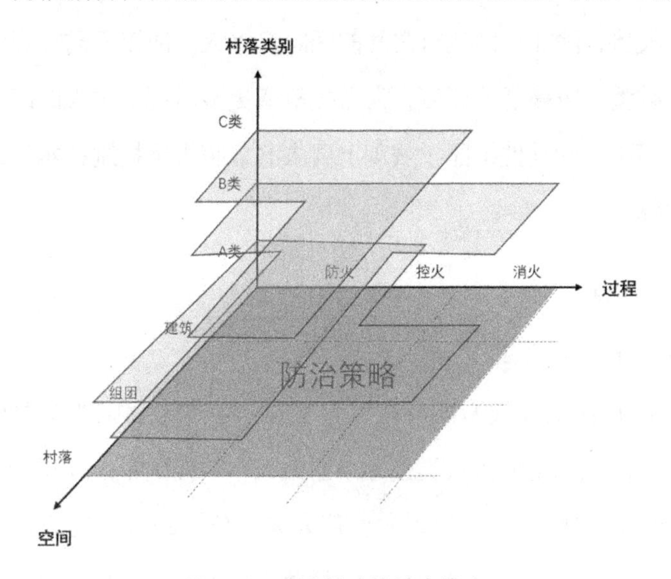

图6-1　防治策略的综合维度

综合来看，对于村落火灾中的空间要素的问题要通过空间调试来解决，对于涉火行为、消防设施运营维护、消防队建设等问题需要用管理方法予以应对，所以需要综合空间调试和消防治理两大手段来提出火灾防治之策。

6.2　空间调适目标与原则

6.2.1　调适目标

（1）主要解决控火问题，辅助解决防火问题。空间调试策略主要作用于空间，空间问题是火灾蔓延阶段的重要影响因素，但只是起火阶段的次要影响因素，所以空间调试策略更适合解决控火问题和一部分的防火问题。而且现实中无法杜绝火灾发生，更应该加强对火灾蔓延的控制以减少火灾损失。所以空间调试的目标首先在于主要解决控火问题，辅助解决防火问题。

（2）各个空间层级适度控制各自火势。理想情况下应该是在微观层级，各个建筑能够将火势控制在建筑之内，不影响到中观和宏观层级。但是木构建筑的耐火等级太低难以彻底约束火势，所以必须结合现实条件的约束，设置多道空间防线，为各个空间层级制定适度的控火目标。微观上，木构建筑不可能彻底控制住火势，除非个别建筑之间的间距足够大。所以只需加强建筑整体的耐火性能，减缓火灾蔓延的速度，为救援争取更多时间；中观的组团层级要求控制住火势不蔓延到其他组团；宏观上要求必须将火势控制在本村之内，不蔓延到周边山林。

6.2.2 调适原则

6.2.2.1 差异化

村落之间在防治火灾方面存在巨大差异，首先是面临的主要火灾类型不同，普通村落面临的主要火灾类型为小型火灾，防控的重点在于减少火源；非旅游型传统村落主要的火灾类型为连营火灾，防控的重点在于减少村内的可燃物数量和增加防火分隔；旅游型传统村落主要的火灾类型是亡人型火灾和连营火灾，防控的重点在于做好建筑的疏散设计和管理、减少村落空间内的可燃物、提高使用者的逃生技能和救火技能。其次，各类村落的火灾风险程度不同，旅游型传统村落的火灾风险程度最高，非旅游型传统村落风险居中，普通村落最低。所以需要进行的空间调试程度不同，防控要求高低也不同。普通村落只要求降低火灾频率，而旅游型传统村落则要求既要降低火灾频率，又要降低火灾规模，还要降低火灾造成的危害（如伤亡人数、损失财产等），因为这种村落受关注度高，火灾造成的后果容易被媒体放大，对村落声誉和地方发展造成负面影响。再次，各类型村落的营建要求和风貌管控等方面也存在差异，传统村落要求维持木构建筑群的传统风貌，新建和改建建筑都应该与整体风貌相协调，而普通村落则没有这种要求。故对于不同类型的村落应该提供不同的应对策略，应该体现出各类村落的差异性和解决方案的适配性。

6.2.2.2 低扰动

传统村落要求保持地方特色的木构建筑群的传统风貌，对内部建筑改造的要求较为严格，如核心保护区原则上采取坡屋顶的造型，限制体量，高度不超过3层，底层层高不超过3.6 m，标准层层高不超过3.3 m，每户建筑面积应控制在320 m^2 以内，可采取独栋、联排的方式建设[40]。这就要求村落的空间调试不能像在普通村落那样大刀阔斧地进行空间改造、大拆大建，而是应该用较小的改动幅度去争取较大的控火成效，力争对传统村落的空间造成最低的扰动，最大限度地保留传统村落空间的肌理和韵味。

6.2.2.3 低成本

西南山地村落普遍属于欠发达地区，经济不景气，地方财政紧张，很多村落在消防设施方面仍存在缺口，更不要说提供充裕的经费进行大规模的空间改造了。农村特别是欠发达地区要达到与城市一样的服务水平是不现实的，农村的公共消防体系必然是初级的。所以西南山地村落的空间调试不能像文物保护建筑那样全部采用自动喷淋系统、消防水幕等现代化消防设备的方式，必须设法在预算有限的情况下通过攻克重点阶段和重点部位来解决村落火灾防治的问题。而且低扰动本身也不需要高成本，低成本也要求不能进行大动作，二者相辅相成。

低成本和低扰动原则要求村落防火必须重点突出，精准防控，才能发挥“四两拨千斤”的效果。攻克重点阶段意味着要把功夫下在前面，把工作做在前面，注重防火和控火阶段，将火灾消灭于萌芽状态，这样可以大大降低对扑救工作的压力和消防的投入。对于灭火阶段要考虑扑救效率的问题，尽量做到早发现早扑救。这就要求提高村民的“自救”能力，并且借助先进的消防设备。攻克重点部位要求识别出重点组团和组团内的危险节点，通过防控重点组团和移除危险节点等方式来提高控火效率。

6.2.2.4 可持续

当前西南村落的消防体系最突出的问题就是没有形成长效机制，消防效果难以持续。妄图以建设“现代化、完备的消防设施”来根治村落火灾，毕其功于一役，是不可行的。一是因为重视建设而轻视维护，导致已建好的消防硬件设施容易出现故障，难以长久发挥效用。二是因为单独依靠硬件方面的建设，而忽视软件方面对人的教化，那么火灾势头迟早还会席卷而来。村落火灾归根到底还是人为火灾，人才是火灾发生发展的始作俑者。尽管有些村落在“消防六改”以后表现尚可，但是可以预见，这种消防效果是不可持续的。所以必须建立一套可以长久起效的村落消防体系，并且要将空间调试手段和管理手段协调并举。这就需要借助空间被动防控的力量来应对控火难题，依靠人的自觉性和先进的消防技术设备去解决防火和消防设施运营维护的问题。

6.3 村落层级调适策略

西南山地村落中的可燃物含量的确很多，但是真正能够消除或移动的可燃物有限。村落层级的空间调试的目标在于尽量减少可燃物、分化隔离可燃物，同时疏通救援通道。其中分化隔离可燃物是重点，核心思想是“大寨化小寨”，类似于建筑防火中划分防火分区的思想，将村落划分成多个组团，以尽量减少火灾的蔓延规模。同时，为了保障各组团之间的防火隔离效果，需要疏通各条防火隔离带的廊道空间和强化廊道两边各组团的边界系统。此外，还须充分发挥点状隔火空间的隔火效果，则需要对点状隔火空间进行合理布局（图6-2）。具体的空间调试策略如下。

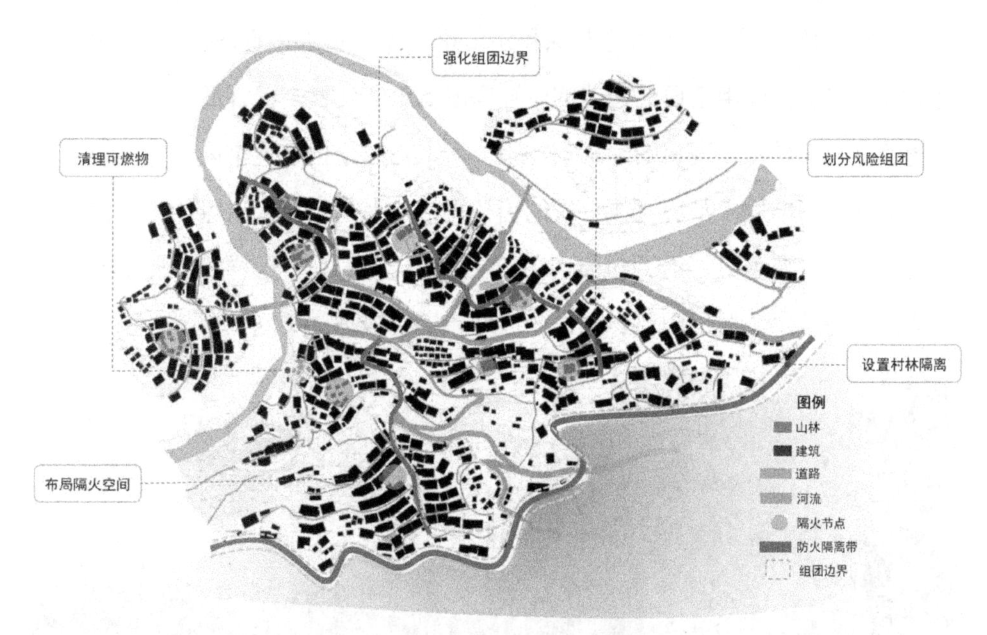

图6-2　村落层级调试策略示意图

6.3.1　清除或转移可燃物

对于村落火灾这种燃料控制型的火灾来讲，最基础的工作就是减少村落内的可燃物。可以被削减和移动的可燃物比较有限，一般包括柴房、谷仓等辅助用房、闲置住宅等闲置建筑和散落在公共空间中的柴垛、木材、茅草等生活杂物。

对于柴房和谷仓，如果在传统村落中，出于维持村落传统风貌的要求，可以将其统一移至村落的边缘区，就像雷山县的新桥村的水上粮仓群，将谷仓统一建于水上，不仅实现了对谷仓的集中保护，还避免了谷仓成为村落中的火灾蔓延中介。如果在普通村落中，可以整体转移，也可以对其围护结构进行不燃化处理，即将其改为砖或混凝土外墙。

对于闲置住宅等闲置建筑，可以通过与户主协商或奖励的方式将闲置建筑统一移至村落边缘，远离村落的主要生活区；并且要断掉内部的电源，以免偶然的电火花引燃建筑造成火灾。有条件的话，对于无产权或非法建造的闲置建筑可予以拆除。

对于柴垛、茅草和木材，柴垛和茅草是村民日常用于烹饪和取暖的燃料，而木材往往是村民用于日后建造或修补房屋备用的建材，最好的办法是将其就近储存在由不燃材料围合的建构筑物里，所以首选是自家住宅内，方便取用；其次可将其原地放入不燃材料包裹的箱子里，或者将其放入自家的不燃性附属建筑内；再次是将其移动到村落边缘的柴房内（图6-3）。这样既保护了这些生活杂物，还减少了村落内可燃物的分散度和暴露面积。

图6-3　对宅旁可燃物的处理方式

6.3.2　强化村林隔离

首先应该加强村落与周边环境的隔离，主要是与周边山林的隔离，防止寨火蔓延成为山林大火，同时也防止偶发的山林火灾蔓延到村落。当前的西南山地村落通常与周边山林缺少防火分隔，要么紧邻，要么隔离距离不足。可通过以下三种方式来强化二者之间的分隔：

（1）创造村落与山林间的防火隔离带。通过砍伐山林边缘的树木以腾出空间来创造或者拓宽防火隔离带，此隔离带的空间最好同时兼作消防通道。对于用地紧张的村落，可以考虑将其余空间或全部空间开垦为农田，换句话说，就是用农田代替村落周边的林地，成为村落与周边环境的防火隔离带。

（2）村落边界建筑阻燃化。为了加强村落与山林之间的防火隔离，需要对村落边界和山林边界的耐火性能予以强化，以形成对各自单元的保护，防止内部火灾外溢和外部火灾侵袭。村落边界的建筑一般远离中心区，不受风貌管控，所以可以对这些建筑进行阻燃化处理，如木房改砖房、喷涂防火涂料等方式，以形成一条阻燃的“护村墙”。

（3）构筑山林边界防火林带。山林边界的林带应选择防火树种，林带需具有一定厚度并形成闭合圈，以构成山林的生态防火屏障。西南地区常见的防火树种有樟树、桂花、木荷、油茶、女贞、石楠等，其中，木荷是目前我国南方采用最多的防火树种，油茶、杨梅、柯木等树种也已成为马尾松林区的绿色防火林带的树种。因为这些树木普遍具有叶片常绿、表皮质厚、富含水分、含油量和蜡量少等特性，具有较强的耐热性能和隔热性能。

选择防火树种时，要坚持适地适树的原则，注意选择适应当地自然环境的树种，符合树种的生长习性，还要注意发挥树木群体的防火能力。另外，对于经济基础差的村落，如果选择单纯的防火树种难以产生经济效益，容易造成村民的积极性低或者防火林难以持续，对此可以选择经济效益较大的防火树种，如杨梅、柑橘、山楂等果树。

当然，最好是以上三种方式综合运用，能够达到更好的防火隔离效果。村林隔离的设计如图6-4所示。

6.3.3　划分风险组团

对于不可清除或移动的村落可燃物，主要是住宅和公共建筑组成的建筑群，首先需要识别其风险组团，即木质建筑密集的区域，通常位于传统村落的核心保护区，这种区域特别容易发生火灾蔓延，所以需要对其进行划分，同时也是在开辟防火隔离带，大寨化小寨，形成多个组团，缩小火灾的蔓延范围。

图6-4　村林防火隔离带的设计

（1）形成网状结构。地势较平坦的村落，通常是位于河谷平坝和山脊、山顶的村落，可以结合现有河流和道路的走向和格局，增添道路，形成纵横交错的网状结构，使其横向和纵向的蔓延都比较有限；尽量保证各个组团比较均匀，每个组团的规模为30~50户，有条件的村落可以将村落划分得更细，组团的规模更小。

（2）补充纵向的防火隔离带。对于坡地上的村落，一般是位于山麓、山腰的村落，对坡地的改造自然形成了一级一级的台地，也有一些平行于等高线的支路，本身就存在一定的空间分隔作用，但是却缺少垂直于等高线的纵向分隔，导致火灾时建筑的横向蔓延剧烈。所以需要补充开辟纵向的防火隔离带，不仅可以限制火灾时建筑的横向蔓延，而且相比于横向防火隔离带来讲，其需要的宽度更小，更节省面积，减少对村落的改造幅度。同时也要尽量保证各个组团规模的均匀。

（3）利用现有闲置建筑和公共空间串联成线。但是在既有村落中划分组团，开辟出线性空间，势必要拆除一些建筑。而与目标拆迁户的协商、对目标拆迁户的补偿和安置都将成为这一措施的难题和阻碍。所以在划分风险组团的时候必须考虑到改动的幅度和拆迁的阻力。应尽量选择改动幅度和拆迁阻力最小的路径，所以可以优先选择将原有的次干道和支路拓宽，形成有效的防火隔离带；可通过拆除部分附属建筑和闲置建筑形成线性空地；还可利用村落中现有的耐火等级较高的房屋、广场、空地和水塘将其串联成线，并对线上的木构建筑进行阻燃化改造。

6.3.4　布局隔火节点

除了利用线状隔火空间分化村落外，还可利用点状隔火空间来分隔村落的可燃物。布局隔火节点，实质上就是优化村落中的点状隔火空间的布局，通过将其分配在各自合适的位置上，以发挥最大的控火效益。

首先，点状隔火空间需要找准定位，应该布置在木构建筑集中连片的区域，这往往也是在村落的核心区。所以对于那些现代配置型广场还是应该尽量往村落的中心区去布局修建。

其次，优化点状隔火空间的空间组织。从控火效率的角度讲，将点状隔火空间串点成线，以形成防火隔离带的控火效率最高。

再次，对于尺度较小的零散的隔火空间，可以采用化零为整的办法，将小的隔火空间凝聚起来形成大的，也能够发挥一定的隔火效果。

最后，对于难以组织的散点的隔火空间，需要对其进行精准布点，使其取代村落中的危险节点，以发挥其最大的控火效益。具体来讲：

（1）串点成线。尽可能将村落中的点状隔火空间连成线状的空间，形成实质上的防火隔离带，并且不要与河流或道路毗连，而要独立，处于木构建筑群之间，这样才相当于多创造出了一条隔离带。例如，每户的水塘一般置于各户住宅的前面，而住宅往往连成一横排，可将各户的水塘连成一线，分隔两个组团（图6-5），这是相对比较容易实现的。

图6-5　串点成线

（2）化零为整。村落中有些小广场、小菜地、边角空地等规模较小的空间，由于尺度较小达不到安全防火距离，就无法起到防止火灾蔓延的作用。于是需要将这些小空间化零为整，整合成尺度较大的空间方可发挥控火作用。例如，将小广场和井亭结合起来，既扩大了隔火空间的规模，又为村民提供了在打水之余歇脚放松和与人交流的场所。

（3）取代危险节点。对于自身尺度达到建筑之间的安全防火间距的点状隔火空间，可以进行分散布置，如果分散布置的话需要尽量均匀，最大限度地覆盖村落范围。而且往往规模较大的隔火空间也是独立设置的，比如消防水池、鼓楼坪、芦笙场等。虽然独立设置不太利于防火，但是可以通过选准位置而放大其控火效率，这个位置一般就是村落中引起火灾大规模蔓延的中介性建筑。首先需要精准识别危险节点所在位置（详见6.4.2），然后选择合适的隔火空间取而代之。换句话说，就是拆除危险节点，拆除它的本身就是在创造隔火空间。在实际操作中，还需要根据现实的可行性去选择策略。

6.4 组团层级调适策略

组团层级的空间调试目的是将火灾控制在组团之内，防止火灾跨组团蔓延。其内容主要包括疏通组团之间的隔火通道、强化组团的边界和处置组团内部的危险节点。由于组团内部几乎没有隔火通道，所以无须考虑。

6.4.1 梳理隔火通道

在合理划分风险组团的基础上，还需要梳理隔火通道，也就是保证隔火通道的通达性、彻底分隔性和充足的宽度，才能使隔火通道能够稳定且长久地发挥作用，保证划分组团措施的有效性。

（1）保证隔火通道的通达性。应防止占道经营、私搭乱建等侵街行为对隔火通道的蚕食。应及时清理隔火通道上的可燃物和障碍物，例如摊位、棚架、杂物、垃圾等，以便火灾时消防车及消防物资能够顺利到达，受灾人员能够顺利疏散。并且要保证隔火通道有充足的宽度。

（2）保证隔火通道的彻底分隔性。这是隔火通道能够成立的前提，也是最容易被忽略的部分。因为如果隔火通道分隔得不彻底，通道中或者通道末端留下一个连接点，那么火势就会从一个组团通过这个连接点蔓延到另一个组团，将隔火通道的效果大打折扣。所以要保证隔火通道将两个相邻组团分隔到底（图6-6）。此外，开辟防火隔离带需要尽量保持平直减少弯曲，因为弯曲的防火隔离带会造成火势与相邻组团的接触面积更大，在热辐射的作用下，更容易突破原有的安全防火间距，而造成跨组团的蔓延。

图6-6　被中断的隔火通道

6.4.2　强化边界防护

与强化村林隔离的原理类似，在将村落划分成多组团后，还需要强化各组团的边界防护，才能将这个线状隔火空间完整建立起来，才能保证阻断两个组团之间的火灾蔓延的效果。强化组团的边界防护可以采用以下方法：

（1）将边界建筑阻燃化处理。对于普通村落的组团，可以要求将边界的木建筑统一改为砖混建筑，至少要将边界建筑的外墙改造为不燃材料。这是最彻底有效的办法，但是对建筑的改动和村落风貌的影响可能较大。对于传统村落来讲，组团的边界建筑沿街排布，观展面大，强行将边界建筑“木改砖”势必会破坏村落的传统风貌，所以可以采用喷涂防火涂料、对建筑材料阻燃处理的方式（图6-7）。

（2）减少边界建筑开口率。尽量减少边界建筑沿街面的开窗数量和开窗面积，可减少内部火灾溢出的风险。这只是对于方法（1）的补充，不能单纯依靠此方法达到控制火灾蔓延的目的。

（3）利用砖混建筑作为组团边界。可以充分利用已有的砖混建筑，这就要求在划分村落的防火隔离带时就要考虑在砖混建筑多的成排建筑的一侧划分隔离带。

（4）加装防火水幕。对于有条件的传统村落，可以在组团边界加装一排防火水幕，相当于建筑室内的自动喷淋系统，但是水量规模较大，形似一道防火墙，常用于文物建筑的防火保护中。一旦感知到环境温度超过设定极限即开启喷淋系统，喷出大量面状的水雾，形成一道临时的“防火墙”（图6-8），阻隔组团之间的火灾蔓延。

图6-7　边界建筑阻燃化处理

图6-8　防火水幕

6.4.3 处置危险节点

前文已论述过，火灾蔓延的规模与起火点的位置有关。本书把能够引起大规模火灾蔓延的起火点称为危险节点，为了防止大规模火灾的发生和阻断火势的发展，需要对危险节点进行适当的处理。

首先要识别危险节点。这些危险节点通常位于村落的上风向区域，坡地型村落的底部，平坝型村落的组团的中央等位置。

其次是处置危险节点。处置危险节点的方式主要有拆除、局部拆除、围护结构不燃化和控制内部火源。拆除危险节点能够在源头上阻止大规模火灾的发生，是最彻底的方式，但是可能在实施过程中受到阻挠。较为易行的方式有后面三种方式，局部拆除是指拆除危险节点建筑的一部分，缩小其规模，使之与周边建筑的距离满足安全防火间距，起火时不至于蔓延到周边建筑。围护结构不燃化是指仅对危险节点建筑的围护结构进行阻燃化处理，不影响建筑本身的使用。控制内部火源是指通过优化室内电气线路、封装明火火源、加装烟雾报警器等火灾监测预警装置，尽量减小危险节点建筑起火的可能性，这也是从源头控制的方式（图6-9）。

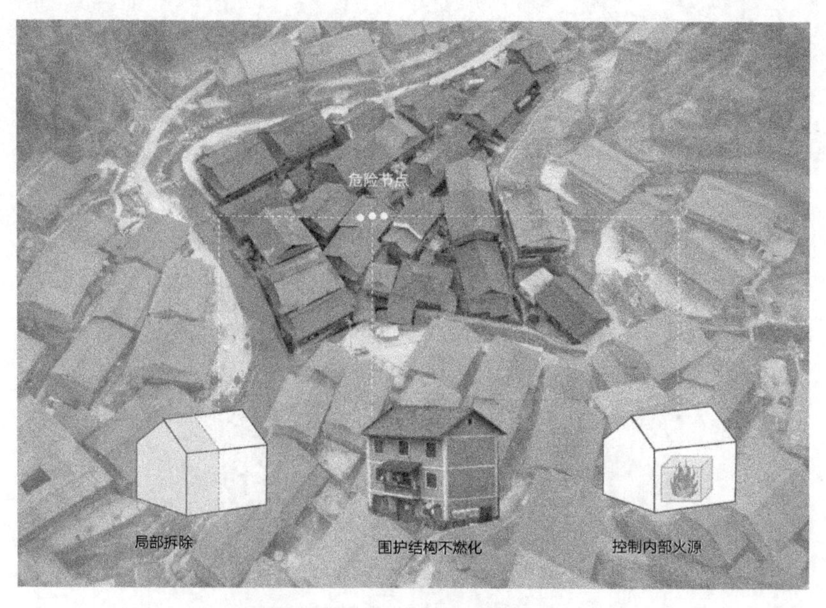

图6-9　处置危险节点的方法

在实际操作中，需要根据危险节点建筑的保护等级（是重点建筑还是一般建筑）、产权归属、使用功能、是否闲置等情况去判断选用哪种或综合选用哪些应对方式。

6.5　建筑层级调适策略

建筑层级的空间调试策略承载着减少火灾频率、控制火灾蔓延和保障人员疏散的任务，包含的内容最多，是重点改造对象。在建筑层级影响火灾发生的关键部位有用火房间和孕灾空间，影响火灾蔓延的关键部位有建筑边界、凸出部位和构件、室内分隔构件等，因此需要对这些部位予以恰当的处理。对于人流量大的重点场所还要注意建筑的疏散设计，以免发生小火亡人事故。

6.5.1　优化建筑边界

建筑边界，即建筑的围护结构，包括建筑的外墙面和屋顶。目前西南山地村落中的木构建筑的围护结构普遍耐火性差、渗透率高、开口率大，难以阻挡室内火灾向外蔓延。所以需要将建筑外墙阻燃化处理、及时修补建筑屋顶、减小山墙面的渗透率和降低建筑外墙的开口率。

（1）建筑外墙阻燃化处理。对木构件的阻燃化处理有多种方法。对于普通村落的建筑，最好采取木墙改砖墙的方法；对于传统村落的建筑来说，可以采用以下方法：①喷涂阻燃涂料。对于既有建筑可以在木墙表面喷涂防火涂料，对于新建建筑的木建材可以采取用阻燃液加压浸渍的方法，其防火效果更佳。②可以将木墙替换成“夹心结构”的复合木墙，有学者已经研发出双层木墙中间夹一层镀锌钢板的复合墙体构造，并且经过火灾试验的检验，防火效果较好[41]。而且这种墙体构造简单，造价较低，比较适合于推广。

（2）及时修补建筑屋顶。屋顶不仅能防止室内建筑外溢，而且能阻止周边建筑尤其是高度更高或标高更高的建筑起火时对其的热辐射，还能防止外界大规模火灾时飞火的传入，这对于山地村落的防火来讲意义更加重大。西南山地村落的传统民居通常采用冷摊瓦屋面，但是这种屋面不耐久，在风化作用下，瓦片会出现开裂、破损、漏洞等情况，通常三五年就需要修补一次。所以需要及时修补建筑屋顶，避免使用可燃性材料，甚至屋顶下方的支撑椽子也最好采用不燃材料，以保证屋顶在灾时的支撑性、完整性和阻燃性。当然，也可以选用一些新型阻燃材料作为屋顶，如金属瓦（图6-10）、石板瓦，但要注意保持建筑整体的乡土风貌。另外，对于屋顶的构造方面，可以将瓦片下面的木椽条改为复合望板，即由两层木板中间夹一层镀锌钢板的“三明治”结构（图6-11），这样可以增加屋顶的耐火极限，有利于减缓火灾向外部蔓延。

图6-10　彩石金属瓦

图6-11　复合望板

（3）减小山墙面的渗透率。建筑墙面的木材干燥开裂、缝隙大是建筑长期使用的必然结果，无法改变，但是坡屋顶下方的山墙面是墙面渗透率最高的地方，有时连一点围护结构都没有，完全开敞。这不仅可以加速自身建筑火灾的蔓延，还给了飞火以可乘之机，所以是建筑边界中的重点改造对象。如果为了彻底隔绝火势和减少飞火的侵袭，应该将山墙面彻底封堵。但如果为了兼顾存储空间的通风需求，可以选用开孔率小的镂空金属板或金属百叶窗来围合三角山墙面（图6-12）；有条件的还可以选用可收缩的阻燃材质的推拉墙面，平时收起，灾时打开，阻止内部火势增大和防止外部飞火侵入。

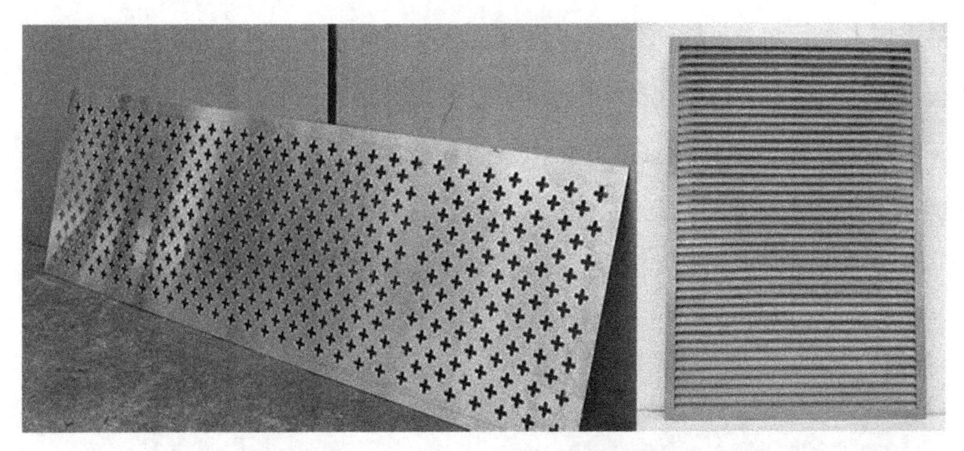

图6-12　镂空金属板和金属百叶窗

（4）降低建筑外墙的开口率。这是防止建筑之间火灾蔓延的辅助手段。缩小外墙的开窗面积，还要注意将自身窗户与相对建筑墙面的窗户位置错开（图6-13），尤其是对于相邻建筑是木构建筑且山墙面开窗的情况，自身的山墙面要尽量不开窗，这样有助于综合提升建筑围护结构的控火能力。

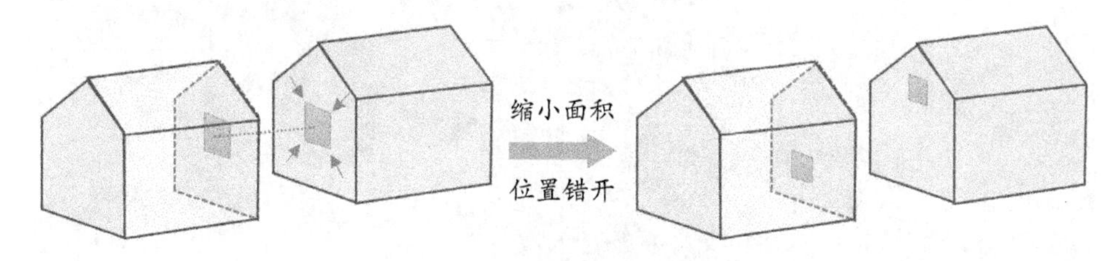

图6-13　降低外墙的开口率

6.5.2　减改凸出部位

前文研究表明，建筑的凸出构件或者空间是建筑率先被引燃的部位，是建筑的“接火”部位，所以需要削减不必要的凸出构件和空间，以增大建筑之间的防火间距，延缓或者隔绝火势的蔓延。建筑中的凸出构件主要有屋檐下的木椽条，装饰性的垂柱等；凸出空间一般表现为加建的附属建筑，如厨房、储藏室、柴房等，二楼、三楼悬挑出来的空间。

对于凸出构件能去除的尽量去除，不能去除的可以替换成不燃性材料，或者用不燃材料将外露的木构件封装起来，例如可以将屋檐下面的椽条用金属包起来。对于加建的附属空间尽量削减，例如柴房和储藏间等，尤其是私搭乱建的临时棚屋；对于难以改动的凸出空间，例如建筑上部悬挑出的空间，因其能在一定程度上阻止下部通过窗口溢流蹿出来的火向上蔓延，作用原理相当于防火挑檐，所以不必对其拆除，而是应该对其围护结构进行阻燃化处理，并且着重处理凸出空间的底面（图6-14）。

图6-14　削减与改造凸出部位

6.5.3　加强室内分隔

室内缺少防火分隔是火灾在室内大肆蔓延的主要原因，所以应该加强室内的防火分隔。室内的改造并不会影响建筑和村寨的风貌，相对来说更易实行。室内防火分隔主要分为竖向分隔和横向分隔，鉴于火灾的竖向蔓延速度约是水平蔓延速度的8~10倍，所以要着重加强横向分隔，可以用不燃材料楼板取代木楼板、采用双层木楼板中间夹镀锌钢板的复合楼板构造（图6-15）等方法，增加楼板的耐火极限，阻止火势向上快速蔓延。竖向分隔也可采取类似的方法。

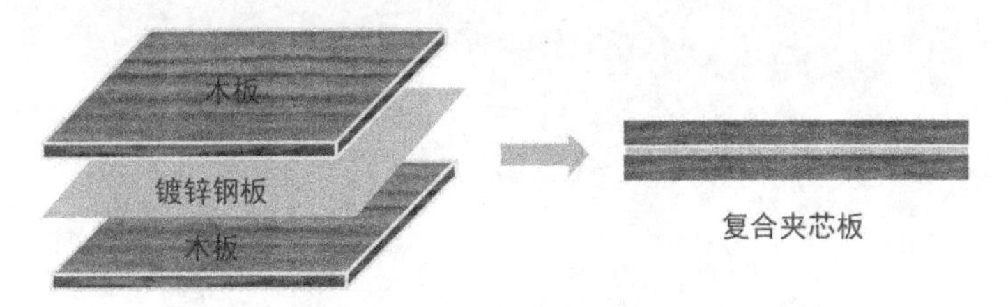

图6-15　复合楼板构造

对于楼梯洞口需要用不燃性盖板将其封堵，例如类似于复合楼板构造的复合楼梯盖板，可以有效阻止热烟气和火焰通过楼梯口向楼上蔓延。这个楼梯盖板最好是能够保持灵活开合的状态，可以类似于防火卷帘，可以折叠，平时收起，不妨碍楼梯的正常通行，灾时保证人员疏散后展开，形成上下层的防火隔断（图6-16）。

图6-16　可折叠的防火盖板

需要特别注意的是分隔要彻底。调研中发现有些建筑室内的竖向分隔墙只砌到梁底，并未砌到天花板，中间仍留有梁高的空隙，这种墙体形同虚设，无法阻止火灾蔓延到隔壁房间。所以必须将隔墙或者楼板建到顶端，不留空隙（图6-17）。

图6-17　隔墙要将空间分隔彻底

6.5.4　修复孕灾空间

由第5章可知，室内的两类孕灾空间间接促成了第二类和第三类火灾的发生，发生火灾比例高达62.3%，为了降低此类火灾发生的概率，需要将这两类孕灾空间予以修复。

（1）分组收纳可燃物。对于可燃物多且散乱的孕灾空间，应对可燃物表面进行包覆和组间适当隔离。建议将可燃物品按使用需求分组收纳入不燃材料的柜体，可通过立柜、吊柜、嵌入式柜等多种形式分布于室内，保持距离并远离固定式火源和延时性火源。另外，室内墙面尽量减少易燃材料制成的装饰品，如装饰油布等。

（2）对于延时性火源依附的孕灾空间，可采取空间隔离或实物隔离的方式将延时性火源与木质围护结构隔离。例如电线敷设在木墙板上的场景，最简便的方法是用铁皮管或PP管包裹电线以形成穿管隔离（图6-18）。对于出屋面的烟囱紧邻相邻建筑构件的场景，必须拉开防火距离，一是采用加高烟囱的高度，出屋面高度至少达到0.5 m以上；二是通过转变烟囱的位置和方向，使烟气不直冲相邻木质结构；三是采取防止烟囱出口火星外溢的措施，如加装防火帽等（图6-19）。

图6-18　电线穿管保护

（a）原图　（b）加高烟囱　（c）将烟囱转向　（d）加装防火帽

图6-19　烟囱的改造方法

6.5.5　改造用火房间

用火房间因含有固定式火源成为西南山地村落火灾的主要起火房间，控制这种火源引起的火灾的最好方法就是用不燃材质将火源封装，从源头上避免火源与可燃物的接触，从而减少火灾发生频率。对于难以封装的开放式火源，如火盆、火塘，就要加强火源与周边可燃物的隔离，一方面增大距离，另一方面对可燃物进行阻燃处理。西南山地村落建筑的用火房间主要有厨房、堂屋和火塘间，下面对其分别提出改造方案。

（1）封装火源。堂屋是敬神祭祖的核心空间，其北墙面供奉着祖先牌位和香案烛台，有较高的火灾隐患。可将整套祭祖物件置于一个正面开口的不燃箱体中，以此控制火源并隔绝周围悬挂的可燃物。另外可以对整个墙面进行阻燃处理，如喷涂防火涂料或阻燃剂。或者可将贴邻香案的局部墙面换成不燃材料。

（2）阻燃处理可燃物。火塘间是村民用于烹饪、取暖、熏腊肉的房间，有时也与厨房合设。火塘间的问题在于烘烤时滴下的油滴入下方火焰会使火焰迅速扩大，而火塘周边除了底座都是木质围护结构，易被引燃。对于设于主体建筑内部的单独火塘间，可将其整体采用不燃材料砌筑。对于与厨房合设的火塘间，需对相邻墙面、地面和天花板做阻燃处理。因火塘间是小型的专门的用火房间，所以也可将其独立设于建筑主体之外，邻近主体建筑的一侧需设置防火墙，或者将火塘间整体做成不燃烧体。

（3）空间隔离。厨房的问题在于用火最为频繁，火源多且杂，包括明火、电气和煤气，而空间耐火性能差。多数农户厨房经历过政府组织的“灶改”，已经完成了对明火火源的封装。但是煤气并没有，煤气灶靠近木墙板放置是个突出的火灾隐患。可利用空间隔离方式，使灶台与木墙板的距离保持在1 m 以上。或者采取对煤气灶相邻墙体进行不燃化处理，如抹10~20 mm 水泥砂浆、贴防火石膏板等。灶台周围1 m 以内的地面使用不燃材料或添加不燃材质的隔热层，并应保障灶台上方150 cm 范围内无可燃物（图6-20）。

6.5.6 重点场所疏散

村落中尤其是旅游型传统村落存在一些疏散困难的场所，包括文化价值大、保护等级高的重点建筑，作为旅游保障业态的餐厅和民宿，还有集经营、生产、仓储功能于一体的“三合一”建筑，本书统称之为重点场所。这些重点场所在防火方面面临的主要问题有建筑内可燃物多、火灾荷载大、疏散通道不足或被占用、疏散口被封堵，所以是亡人型火灾的高发场所。其中前两种场所

图6-20　厨房的防火改造方法

的特点还包括人流量大，加重了疏散的难度；而第三种场所经常存在“违规住人”的现象，建筑的疏散空间非常不规范，容易造成逃生困难。为了确保重点场所人员能够顺利疏散，应该注重疏通疏散通道、保持疏散口常开和给使用者足够警示。

（1）疏通疏散通道。疏散通道首先要求疏散楼梯必须是不燃材料，其次要求：①保证疏散通道的数量和宽度充足。餐厅、民宿和“三合一”建筑等经营性场所通常地价高昂，空间往往狭窄逼仄，疏散通道不足。目前很多村落的餐厅和民宿只有一部楼梯，遇到灾害时完全不够疏散之用。所以这些场所一般要设置两部及以上的楼梯，并且要根据服务人数去计算疏散宽度。②移除疏散通道上的障碍物，保证疏散通道的畅通。③使疏散通道尽量做到双向疏散，不只是往地面疏散，还要往屋顶上疏散。例如将楼梯通往屋顶甚至连到相邻建筑的屋顶上，为人员逃生提供更多路径。

（2）保持疏散口常开。小火亡人的火灾案例往往是因为人在疏散过程中遇到防盗窗被封堵，或者逃生门被锁住而无法逃生，吸入过多的有毒烟气而死亡。为了避免这种惨剧，需要保持疏散门常开，不能锁闭；为防盗窗设置从内部可以开启的开关。

（3）给使用者以充分警示。灾害时人员的逃生效率和成功率与人员本身的逃生技能、身体和心理状态关系密切，必须尽早提醒和警示室内人员以便其及时采取相应的自救和逃生行动。所以重点场所应该在灾时给使用者提供及时预警和疏散引导，这就要求重点场所安装火灾预警设备，以及时且多次向使用者发出灾害警报，灾时自动启动疏散指示灯、地面和墙面的引导线，同时要有广播向使用者提供疏散引导和方法指导。

除了确保疏散以外，控制烟气也是保证人员顺利逃生的必要条件。控制烟气的方法一般从“源头避燃、密闭防烟、迅速排烟”这三方面考虑。

（4）源头避燃主要是指采用不燃化防烟形式，通过对现有建筑的构件（如梁、柱、檩、板、木质门窗）、装饰装修展品材料等进行防火涂料的浸渍、喷涂处理，尽量减少对木材、丝织品、纸等可燃物的使用。这样可以大大减少室内烟气的生成量，从而降低烟气浓度和危害性，为火灾的扑救工作和人员疏散争取时间。

（5）密闭防烟主要是切断烟气源头，通过对建筑内部进行分区隔断，如采取隔断墙、不燃的隔断材料将易于燃烧区域进行隔离，将建筑内部的缝隙进行封堵，一旦起火可将烟气密闭在一定区域，防止烟气流出，也防止烟气流动过程中接触新鲜空气而加速燃烧，增大热辐射的强度。

（6）迅速排烟将建筑内聚集的烟气迅速排出至安全区域，重点场所内部容易发生游客的大规模聚集，短时间难以疏散，在这种情况下就需要迅速排烟，除了建筑自身的自然排烟系统外，可在不破坏建筑风貌的前提下在安全疏散区域、通道、临时性避难场所安装机械排烟装置、正压送风防烟系统等，尤其是在紧急避难场所，为防止二次破坏或复燃现象，可加设气幕、水喷淋系统，构成多方位的立体防烟系统[42]。

6.6　消防治理策略

消防治理就是通过多元化管理手段应对防火和灭火方面的问题。其中防火问题包括对涉火行为的管控，提高村民防火意识和防火技能；灭火问题包括消防设施、消防水源、消防人员的有效且持续的供给问题，以及灭火效率问题，尽量“打早，灭小，救初起”，提高村落扑救初期火灾的能力。消防治理不仅要与当前的火灾风险相匹配，还要结合村落的现实条件。已有研究表明，传统的消防治理智慧和现代的防火管控技术，分别具有“自下而上”防火组织和“自上而下”高效救火的优势，应充分发挥二者的优势，借助传统民俗，动员全村的人力，协同智慧化管理，运用智能设备和管理体系，形成一套适宜且有效的消防治理策略（表6-1）。

表6-1　消防治理策略

	基础	利用在地资源	智慧化管理
防火		将消防教育嵌入生活	
	健全村落电网		
灭火	健全村落水网		
			智慧化监测消防设施
		补充在地化消防设施	
		培养全民化消防人员	

6.6.1　将消防教育嵌入生活

消防治理首先要从源头治理涉火行为。日常行为和节庆行为是村民正常的生活需求和民俗文化，理应顺应，只需要对相应的用火房间进行空间调适，以确保村民日常生活和节庆期间的安全性。而不良习惯和违规操作带来的火源隐蔽性强，难于防范，且对空间破坏性大，必须严格约束，明令禁止。可以在村落中广泛张贴宣传标语以规范村民的行为，但是这种禁止治标不治本，必须解决这些行为背后的根源，其根源就在于村民的防火意识淡薄和用电知识不足，所以必须加强对村民的消防宣传教育。

但是当前的消防教育已经脱离村民生活，难以引起村民兴趣。唱防火歌、看侗戏曾在过去的消防治理中发挥了重要作用，建议复兴优良的民族文化传统，结合传统民风民俗开展宣传教育，将消防教育重新嵌入村民的日常生活中。具体可以采取以下措施：

（1）发掘、整理、保护本地区特有的消防文化，将消防知识和消防扑救行动编成民歌和地方戏，让村民传唱和观演，在传承和弘扬民族文化的同时培养村民的防火意识。

（2）通过举办民俗节庆日活动对村民宣传消防知识，组织集体性消防训练、演习以提高村民消防技能，总体上通过让村民共同参与公共事务和集体活动来形成新的凝聚力，提升基层自治能力，强化防火组织，进而提高村民的防火意识。

（3）制定日常消防管理制度、对村民进行电气技能培训，甚至专门培养1~3名兼职的村级电工，为村民解决室内的电气故障问题。为应对村民外出务工，部分住宅无人看管，或者户主看管不及的情况，可以采取“多户联防”、邻里监督的方式，以便及时发现火灾甚至消弭火灾于无形（图6-21）。

（4）将消防教育引入课堂。对孩子从小学就开始培养起安全用火用电的意识，并且让他们作为家庭的“消防宣传员”，向全家人普及消防知识，让“一个人带动一家人”。

（5）规范大风天气时的涉火行为。虽然大风促进火灾蔓延的过程无法控制，也难以通过村落和组团层面大尺度的空间调试去应对偶发的大风天助推的火灾蔓延，但是可以通过约束大风天气下的涉火行为来避免火灾发生，从而规避风对火灾的影响。大风天气下应该禁止在村落内或村落边上烧荒、烧纸、烧炭，以及开展可能产生电火花的生产作业等（图6-22）。

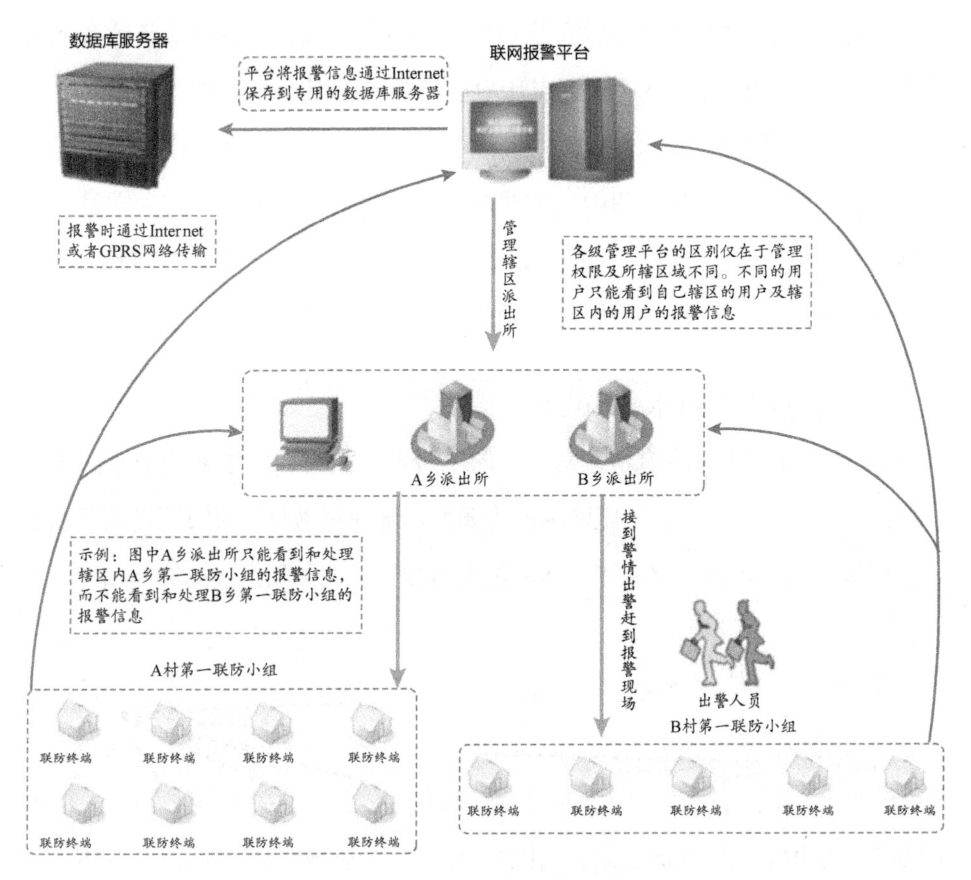

图6-21　“多户联防”模式

图6-22　大风天气下禁止的一些涉火行为

旅游型传统村落还要注意防范外来游客的涉火行为，做好警示教育和宣传引导。可以通过村口广播、景点和景区门票印刷提示语、景点购票 App 等多媒体平台对游客进行消防宣传。

对人的教化是消防治理中最重要的部分也是最难的部分，因为它是根治山地村落火灾的重要手段，同时它又难在见效慢而且不显著，又需要长期的投入。所以必须坚定信念，坚持不懈地把消防教育做下去。

6.6.2 健全村落水网和电网

当前西南山地村落给水管网设计的不合理和欠维护是导致消防水源供应不足或断供的主要原因，供电网络的脆弱性是导致村落电气火灾频发的原因之一，所以应该完善村落水网和电网的建设与维护，为扑救火灾提供基础设施的支撑。

对于村落的给水管网，尽量设计成环状系统而不是支状系统，这样更有利于水的均匀流通和水力平衡。在海拔较高和冬季气温较低的村落，要注意管道的埋深和保温，有的村落的消防水管直接外露，会面临在冬季被冻住的风险，而冬季正是村落火灾的高发期。所以要将消火栓供水管路设在冰冻线以下，对于外露的管道、消火栓和管道法兰接口可以使用柔性保温材料进行包裹。

对于供电网络，要完善电网的基础设施建设，提高其荷载强度和应变能力；重新布置村民私拉乱接的电线，替换掉绝缘层剥落的电线和无效的保险丝；并且要逐步淘汰居住空间中的劣质用电器和插线板，以降低电气火灾的发生率。

6.6.3 补充在地化消防设施

当前很多村落缺乏消防设施，只有传统村落和200户以上木质连片村落才配有现代化的消防设施，而普通村落没有。即便是传统村落也仍存在缺口，消防设施无法覆盖到全村。现代化消防设施虽然灭火效率高，但是建造成本和维护成本都较高，对经济欠发达的山地村落来讲是个比较沉重的负担。所以需要补充一些在地化的消防设施，以发挥备用和扑救初期火灾的作用。

在地化的消防设施要求价格低廉、村中常备、灵活机动、低技术、便于村民操作，尤其由农具兼用或者稍加改造就可用于救火的工具设备。于是，可以选择湿麻袋、黄沙、便宜的防火毯充当灭火器来扑救初期固体火灾，可以利用农用车、洒水车等农用设施来代替小型消防车，更适合山地村落的狭窄道路，从而更容易接近火场；还可以利用灌溉机动泵作为消防机动泵的补充。

消防水源方面同样存在很大缺口。除了政府为村落统建的高位水池外，村落还需要补充备用的大型消防水池。在这方面各村落普遍存在面积不足或水量不够的问题。村落内部尤其是村落中心区用地紧张，很少有足够场地建设大面积的水池，可以考虑建设深位水池，顾名思义，就是将水池的深度加深，面积缩小，以满足蓄水量的要求。另外，灾时还可以利用村落中的水塘、鱼塘充当备用的消防水源。

6.6.4　智慧化监测消防设施

无论是现代化还是在地化的消防设施，都需要进行日常维护，现代化消防设施更需要专业化的精心维护。但是因村民广泛外出务工造成的村落空心化已是常态，缺少人员维护，更缺乏专业的技工来维护。在此情况下，建议借助智慧化监测的技术和设备帮助村民实时监测消防设施和水源的运行状态，以便及时采取相应修补措施。

在因地制宜、经济适用的原则下，综合利用物联网、云计算、智慧消防大数据平台（图6-23）等先进技术，可以选用动态监测消防水系统来监测消火栓的水压、消防水池的水量和水质等，以确保其灾时消防给水系统能够正常出水。同时实现了远程监控，方便管理者和村民采取相应行动。

智慧化技术还可用于监测预警村落火灾。例如引进智慧化监测电网波动的设备或 App，并且可以连接到管理者和村民的手机上，方便随时观测和及时干预。还可以运用无人机、红外相机、火灾风险监测仪等设备来监测村落的公共空间乃至周边山林是否起火的情况，以加强对山地村落火灾的智能监测、预警与处置。

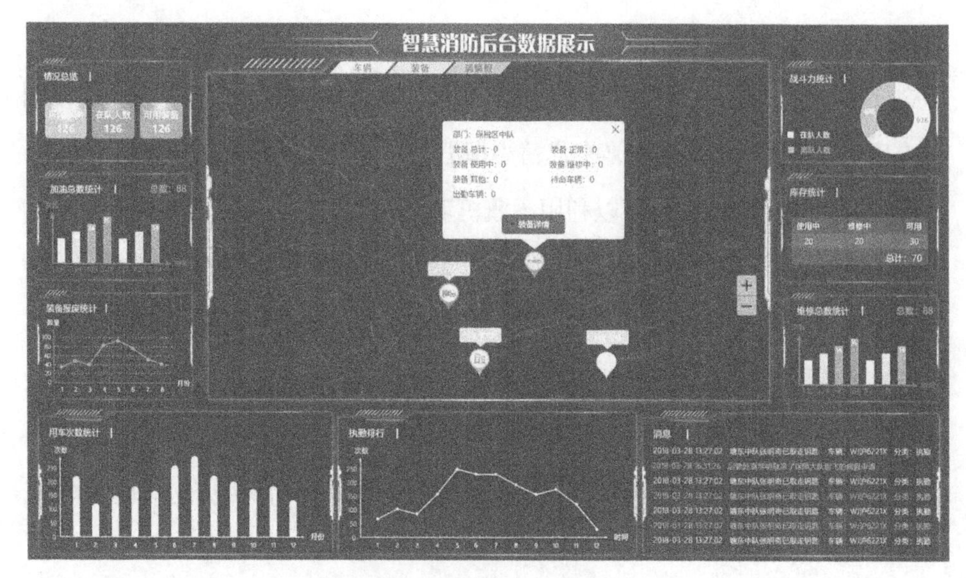

图6-23　智慧消防大数据平台

6.6.5　培养全民化消防人员

快速蔓延的火灾形势和外来专职消防队普遍驰援不及的现实要求村落必须提高自救能力，而且要救得及时。但是当前村落的志愿消防队由于人员流动大普遍战斗力不强，这就需要广泛动员村民的力量，只要力气足够参与消防扑救行动就都应该动员起来，让大部分村民具备临时消防员的能力，为志愿消防队提供一个较大的储备库。那么即使有些人外出务工了，村中仍然保有足够懂消防扑救的人。而且相邻的村落之间的村民互相可以成为彼此消防队伍的后备军，发生火灾时来得及救援。其中尤其要重视留守妇女，她们体力较好，长期在村，作战能力也较强，是一股不可忽视的力量，适于组建女子消防队。

另外，要注重平时对村民的消防训练，定期举行消防演习和消防技能比赛，让村民在实践中获取经验，掌握扑救火灾的技术方法，同时也可提高其防火意识。

6.7　各类村落的防治策略

以上已经提出了一套较为全面的空间调试和消防治理方面的策略，三类村落需要根据各自的火灾特点和资源优势进行选择（表6-2）。从三类村落的火灾防治策略组合表中可以看出普通村落只需要村落层级的空间调试策略和有限的消防治理策略，非旅游型传统村落除了在重点场所疏散方面无须特别强化之外，需要在各个空间层级和消防治理方面予以强化，而旅游型传统村落则需要全套防治策略。

表6-2　三类村落的火灾防治策略选择

防治策略			旅游型传统村落	非旅游型传统村落	普通村落
村落层级的调试策略	清除或转移可燃物	清理宅旁、路边可燃物	●	●	
		集中移至村落边缘	●	●	
	强化村林隔离	创造村林防火隔离带	●	●	●
		村落边界建筑阻燃化	●	●	
		构筑山林边界防火林带	●	●	
	划分风险组团	形成网状结构	●	●	
		补充纵向防火隔离带	●	●	
		利用现有闲置建筑和公共空间串联成线	●	●	
	布局隔火节点	串点成线	●	●	
		化零为整	●	●	
		取代危险节点	●	●	
组团层级的调试策略	梳理隔火通道	保证隔火通道的通达性	●	●	
		保证隔火通道的彻底分隔性	●	●	
	强化边界防护	将边界建筑阻燃化处理	●	●	
		减少边界建筑开口率	●	●	
		利用砖混建筑作为组团边界	●	●	
		加装防火水幕	●	●	

表6-2（续）

防治策略			旅游型传统村落	非旅游型传统村落	普通村落
组团层级的调试策略	处置危险节点	拆除或局部拆除	●	●	
		围护结构不燃化	●	●	
		管控内部火源	●	●	
建筑层级的调试策略	优化建筑边界	建筑外墙阻燃化处理	●	●	
		及时修补建筑屋顶	●	●	
		减小山墙面的渗透率	●	●	
		降低建筑外墙的开口率	●	●	
	减改凸出部位	用阻燃材料包裹	●	●	
		替换为阻燃材料	●	●	
		喷涂防火涂料	●	●	
		拆除	●	●	
	加强室内分隔	运用复合材料	●	●	●
		分隔构件建到顶端	●	●	●
	修复孕灾空间	分组收纳可燃物	●	●	●
		封装火源和空间隔离	●	●	●
	改造用火房间	封装火源	●	●	●
		阻燃处理可燃物	●	●	●
		空间隔离	●	●	●
	重点场所疏散	疏通疏散通道	●		
		保持疏散口常开	●		
		及时警示使用者	●		
		源头避燃	●		
		密闭防烟	●		
		快速排烟	●		
消防治理策略	将消防教育嵌入生活	发掘、整理、保护本地区特有的消防文化	●	●	●
		通过民俗活动宣传消防知识	●	●	●
		制定日常消防管理制度	●	●	●
		将消防教育引入课堂	●	●	●
		管控大风天的涉火行为	●	●	●

表6-2（续）

防治策略			旅游型传统村落	非旅游型传统村落	普通村落
消防治理策略	健全村落水网和电网	环状水网与管道保温	●	●	
		提高电网荷载强度和应变能力	●	●	●
	补充在地化消防设施	用农具和农用车充当备用消防设施	●	●	●
		建设深位水池	●	●	●
	智慧化监测消防设施	监测消防水池的水量和水质	●	●	
		监测预警村落火灾	●	●	●
	培养全民化消防人员	培训全体村民灭火救援技能	●	●	
		组建女子消防队	●	●	

结　语

本书通过对山地村落火灾的主要影响要素——地貌、村落空间和火源的分析，梳理了其影响火灾发生发展的各方面特征；进而通过对火灾全过程——起火阶段、室内蔓延阶段、村落蔓延阶段和灭火阶段的分析，提炼出影响火灾发生发展的关键问题，主要在于村民涉火行为多和自救能力差、村落各级空间火灾荷载大且缺少防火分隔、消防设施不足且维护不良等；在此基础上总结了各阶段火灾、各空间层级的导控要素和各类型村落的防火差异；最后，对西南山地村落从空间调试和消防治理两大方面提出了防治之策，构建了一套适合各类村落的“全过程、多尺度”的防治策略。希望可以对西南山地村落以及相关村落的消防工作提供理论基础和技术支持。

需要说明的是，本书提出的防治之策只是“权宜之计”，不是“万全之策”。它只能够暂时缓解村落火灾的严峻形势，“以空间来换时间”，通过空间对火灾的防控作用来为救援争取时间，更为人们的消防认知和能力的提升争取时间。真正的“万全之策”是完成对人的改造，对村民的教化，提高他们的防火意识和消防技能，从源头上降低火灾频率和提高村落自救能力，这是最根本的工作，需要长期的努力和投入。现代化是一个过程，何况对于西南山地村落这种偏远农村来讲才开始不久。所以，不能指望村落的防治火灾工作可以一夕之间完成，可以“毕其功于一役”，应该在完善好、巩固好、维护好空间和消防基础设施等建设成果的基础上，持续投入，循序渐进，让村民在意识上和行动上逐渐改变，才是长久之计。

应该看到，村落火灾风险与消防体系都是动态发展的过程，会随着社会进步和科技发展一直处于持续的演化之中，只要二者失衡就容易出现火灾高发的情况，所以还需对二者进行持续关注，对消防体系进行适时调整和不断提升，使其应灾能力能够抵御其火灾风险，持久地保障西南山地村落的消防安全。随着防火材料和消防设备的应用不断扩大以及阻燃技术与消防技术的进步，势必会为村落火灾防治工作带来更多便利和机遇。

参考文献

[1] 田聪，张伟华，王文青 . 连片木结构村寨火灾分析与防控措施探讨 [J]. 消防科学与技术，2016，35（4）：576-578.

[2] 陈清鋆 . 基于农村火灾大数据的传统村落消防对策研究：以贵州为例 [C]//中国城市规划学会，杭州市人民政府 . 共享与品质：2018中国城市规划年会论文集 . 北京：中国建筑工业出版社，2018.

[3] 季经纬，程远平 . 火灾动力学 [M]. 徐州：中国矿业大学出版社，2018.

[4] 左林阳 . 云南省传统民居建筑火灾安全性及消防救援研究 [D]. 昆明：昆明理工大学，2022.

[5] 高先占 . 云南省木结构民居火灾蔓延研究 [D]. 昆明：昆明理工大学，2015.

[6] 日本建筑学会 . 图解防火安全与建筑设计 [M]. 季小莲，译 . 北京：中国建筑工业出版社，2018.

[7] 於一明 . 高温下变截面门式刚架结构的性能研究 [D]. 杭州：浙江工业大学，2005.

[8] PITTS W M. Wind effects on fires[J]. Progress in energy and combustion science, 1991, 17(2):83-134.

[9] 郭福良 . 木结构吊脚楼建筑群火灾蔓延特性研究 [D]. 北京：中国矿业大学（北京），2012.

[10] ZHAO S J. GisFFE: an integrated software system for the dynamic simulation of fires following an earthquake based on GIS[J]. Fire safety journal, 2010, 45(2):83-97.

[11] 张明俊 . 消防技术中的灭火原理与灭火方法 [J]. 消防界（电子版），2021，7（21）：107-108.

[12] 汤芸 . 西南古村镇火灾肇因与消防实践的人类学研究：基于贵州侗族村镇的探讨 [J]. 思想战线，2015，41（2）：31-36.

[13] 韦丹芳 . 现代防火知识体系在侗寨的建构 [J]. 广西民族大学学报（哲学社会科学版），2013，35（6）：103-107.

[14] 高明明，王竹，裘知，等 . 山地农村火灾分布特征及村落因素的相关性分析：以黔东南为例 [J]. 灾害学，2023，38（3）：100-104，147.

[15] 曹昌智，姜学冬，吴春，等 . 黔东南州传统村落保护发展战略规划研究 [M]. 北京：中国建筑工业出版社，2018.

[16] 周政旭 . 形成与演变：从文本与空间中探索聚落营建史 [M]. 北京：中国建筑工业出版社，2017.

[17] 丘桂宁 . 分析连片木结构山寨火灾的火环境与火行为 [J]. 安全生产与监督，2008（3）：44-46.

[18] 李正昊 . 山脉地形下的平均风场特性研究 [D]. 杭州：浙江大学，2018.

[19] 王贺富 . 山地森林火灾蔓延的特点及扑救方法 [J]. 河北林业，2009（6）：12-13.

[20] 周政旭 . 基于文本与空间的贵州雷公山地区苗族山地聚落营建研究 [J]. 贵州民族研究，2016，37（5）：120-127.

[21] 谢荣幸，包蓉 . 贵州黔东南苗族聚落空间特征解析 [J]. 城市发展研究，2017，24（4）：52-58，149.

[22] 邹伦斌 . 文化基因视角下的黔东南侗族乡土聚落空间形态解析 [D]. 西安：西安建筑科技大学，2016.

[23] 罗德启 . 贵州民居 [M]. 北京：中国建筑工业出版社，2010.

[24] 邓蜀阳，韩平 . 贵州黔东南苗族、侗族民居空间形态演化研究 [J]. 南方建

筑，2020（1）：67-72.

[25] 肖俊红.民族民居木结构建筑群规划与布局探析[J].消防科学与技术，2012，31（8）：881-882.

[26] 赵晓梅.黔东南六洞地区侗寨乡土聚落建筑空间文化表达研究[D].北京：清华大学，2012.

[27] 黄宇博，孙弘.山地环境传统民族乡村聚落形态研究：以贵州黔东南地区为例[J].城市建筑，2022（2）：5-7，15.

[28] 薛薇.统计分析与SPSS的应用[M].3版.北京：中国人民大学出版社，2011.

[29] 贾旭，高永，魏宝成，等.基于MODIS数据的内蒙古地形因子对火灾分布的影响分析[J].北京林业大学学报，2017，39（5）：34-40.

[30] 刘天生.国内木构古建筑消防安全策略分析：古建筑火灾风险评估技术初探[D].上海：同济大学，2006.

[31] 李小菊，姚昆，代君雨，等.基于轨迹交叉论的山地古建筑火灾风险评价[J].消防技术与产品信息，2018，31（11）：14-17.

[32] 何蕾.基于轨迹交叉论的建筑安全事故预防研究[D].石家庄：石家庄铁道大学，2016.

[33] 许镇，薛巧蕊，陆新征，等.考虑地面高程的建筑群三维火灾蔓延模型[J].清华大学学报（自然科学版），2020，60（1）：95-100.

[34] 中华人民共和国公安部.农村防火规范：GB 50039-2010[S].北京：中国计划出版社，2011.

[35] 公安部消防局.古城镇和村寨火灾防控技术指导意见[EB/OL].（2023-03-23）[2024-01-09]. https://office.iask.com/f/iWemrFO206.html#ishredtid=EcrCix&isharejsid=d74f780c-f429-4985-81b2-88fd09602ad0.

[36] 廖君湘.论侗寨本土知识与火患防范[J].湖南科技大学学报（社会科学

版），2013，16（2）：38-41.

[37] 廖君湘．侗族村寨火灾及防火保护的生态人类学思考 [J]. 吉首大学学报（社会科学版），2012，33（6）：110-116.

[38] 吴大华，郭婧．火灾下正式制度的“失败”：以贵州黔东南地区民族村寨为例 [J]. 西北民族大学学报（哲学社会科学版），2013（3）：93-98.

[39] 黔东南州应急管理局．天柱县竹林镇“3·8”较大火灾事故调查报告 [EB/OL].（2020-07-21）[2024-01-09]. http://yjj.qdn.gov.cn/gzdt_5831560/tzgg/202103/t20210315_67194538.html.

[40] 贵州省人民政府．省人民政府关于印发贵州省农村村民住宅建设管理办法（试行）的通知 [EB/OL].（2021-08-27）[2024-01-09]. http://www.guizhou.gov.cn/zwgk/zcfg/szfwj/qff/202108/t20210827_70477313.html.

[41] 刘永军．村镇火灾多尺度防控策略与适宜性结构技术 [M]. 中国建筑工业出版社，2022.

[42] 尹楠．基于性能化防火设计方法的商业综合体典型空间防火优化设计研究 [D]. 天津：天津大学，2014.